\ 纸藤编织 /
迷你尺寸的可爱置物篮

[日]柏谷真纪/著
宋菲娅/译

nikomaki*

中国纺织出版社有限公司

原文书名：ミニチュアサイズの手編みのかご
原作者名：柏谷真紀
Lady Boutique Series No.3778 Miniature Size no Teami no Kago

著作权合同登记号：图字：01-2022-4652

图书在版编目（CIP）数据

纸藤编织：迷你尺寸的可爱置物篮 /（日）柏谷真纪著；宋菲娅译. -- 北京：中国纺织出版社有限公司，2023.1（2023.9 重印）
ISBN 978-7-5180-9846-0

Ⅰ. ①纸… Ⅱ. ①柏… ②宋… Ⅲ. ①纸工－编织 Ⅳ. ① TS935.54

中国版本图书馆 CIP 数据核字（2022）第 165684 号

责任编辑：刘　茸　　责任校对：高　涵　　责任印制：王艳丽

中国纺织出版社有限公司出版发行
地址：北京市朝阳区百子湾东里 A407 号楼　邮政编码：100124
销售电话：010—67004422　传真：010—87155801
http://www.c-textilep.com
中国纺织出版社天猫旗舰店
官方微博 http://weibo.com/2119887771
北京华联印刷有限公司印刷　各地新华书店经销
2023 年 1 月第 1 版　2023 年 9 月第 2 次印刷
开本：710 × 1000　1/12　印张：7
字数：149 千字　定价：59.80 元

凡购本书，如有缺页、倒页、脱页，由本社图书营销中心调换

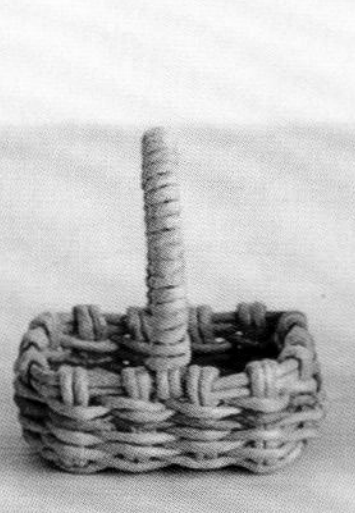

maki

你了解迷你纸藤编织吗?

柏谷真纪的迷你纸藤编织，
使用原生态的自然藤条进行编织，
用碎布进行装饰，设计上很花心思。
可以作为摆件，也可以作为玩偶配件，
作为饰品也很合适。

本书包含全部作品的图片步骤解说，
让初学者也能享受到纸藤编织的乐趣。

那么，先从自己喜欢的一个作品开始吧!

作者简介

柏谷真纪
nikomaki*

手工作家。擅长纸藤、玩偶、陶土等迷你模型的制作。由于风格可爱，又提供定制服务，吸引了大批粉丝。

目录 Contents

第一部分　椭圆形置物篮

第二部分　圆形置物篮

第三部分　方形置物篮

第四部分　其他形状置物篮

关于尺寸

本书作品基本是 4~5cm 的迷你尺寸。书中的兔子玩偶身长12cm，可作为尺寸参考。

12cm

关于材料

本书中使用的编织材料是Hamanaka 环保纸藤（12 股装），分割成需要股数的细长的1 根使用。这种纸藤条，是采用古纸的可再生环保材料制成的。便于操作和分割，推荐初学者使用。

※ 书中不含兔子玩偶的制作方法。

欢迎来到兔子玩偶的置物篮小屋！

从下一页开始，就有各式各样的可爱置物篮登场。
这些作品，可以作为摆件也可以实际使用。
跟随柏谷真纪和兔子玩偶一起来了解吧！

欢迎！
nikomaki*

第一部分　椭圆形置物篮

简单椭圆形篮

制作方法 ××× p.37

×××××

这部分的简单置物篮有大小不同的尺寸。像作品 **1** 这样加上盖布，也十分可爱。因为是常规的设计，不管放入什么，都很百搭。

1

2

便利店购物篮
5
3
4
Cinnamon
Cinnamon
MILK
MILK
FLOUR
50LBS
50LBS

制作方法 ××× p.40

×××××

仅是第 6 页的作品 **2**
加上提手的变化。
便利店购物篮的风格，
适合使用蓝色和奶油色
这种清爽的颜色。

蔬果挂篮

6
8
7

制作方法 ××× p.42

×××××

蔬果篮侧面是返编的，
层层凸起的设计，
用茶色系显出自然风格。

扇形挂篮
特点是提手根部的
方形装饰结。
整个轮廓圆滚滚的，
十分可爱。
9
10
11

制作方法 ××× p.44

× × × × ×

休闲度假篮

marché
1/2

12

13
14
DÉCORER

制作方法 × × × p.47

× × × × ×

适合出门手提的休闲度假篮。
作品 **12** 加上流苏，
作品 **13** 用碎布缠住提手，
如何变化取决于你的创意。

广口提篮

15
16
17
18
19

制作方法 × × × p.50

× × × × ×

开口渐宽的篮筐，
简单的单色或双色
设计都很好看。

第二部分　圆形置物篮

21
20
Thank you!
maki
EAT ME
22

带标签圆形篮

制作方法 ××× p.56

×××××

在简单圆形篮上加上布标签，
贴上写有文字的白布。
根据篮中所盛物品，
写上不同内容。

EAT ME
maki
Thank you!

制作方法 × × × p.58

× × × × ×

和利伯缇印花布
搭起来十分完美。
塞入填充棉，
做成针插包。

针插包

23
24
25
26

洗衣筐

制作方法 ××× p.53

27

28

×××××

两侧有提手的镂空圆形筐。
放进碎布头，看，
真像洗衣筐。

蔬果托盘

××××

制作方法 ××× p.60

29
30
31
32

××××

能放进蔬菜、水果、
甜点的圆形浅托盘。
可叠放的设计，
即使做很多也便于收纳。

第三部分　方形置物篮

××××× 三种尺寸方形篮
33
（大）
34
（中）
35
（小）

× × × × ×

有大、中、小三个尺寸，
掌握基本的制作方法
后一定要做做看。
使用有光泽的深栗色，
作品风格沉稳。

制作方法 × × × p.62

PETIT

收纳筐

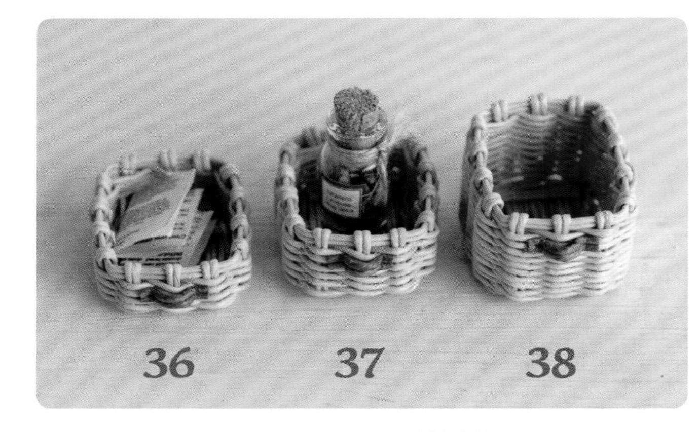
36
37
38

制作方法 ××× p.65

像真筐一样可以实际使用的收纳筐。
底部制作方法相同，改变高度。
使用浅色，有种北欧风的感觉。

长柄野餐篮

40
39

制作方法 ××× p.66

×××××

在野餐篮中放进
甜甜圈和油纸。
篮筐部分与第 20 页的
作品 **36** 的制作方法一样。

旅行箱
41
42

制作方法 × × × p.67

× × × × ×

编两个方形篮，
组合到一起形成手提箱。
能打开，
有一种规整的魅力。

× × × × ×

多用途箱

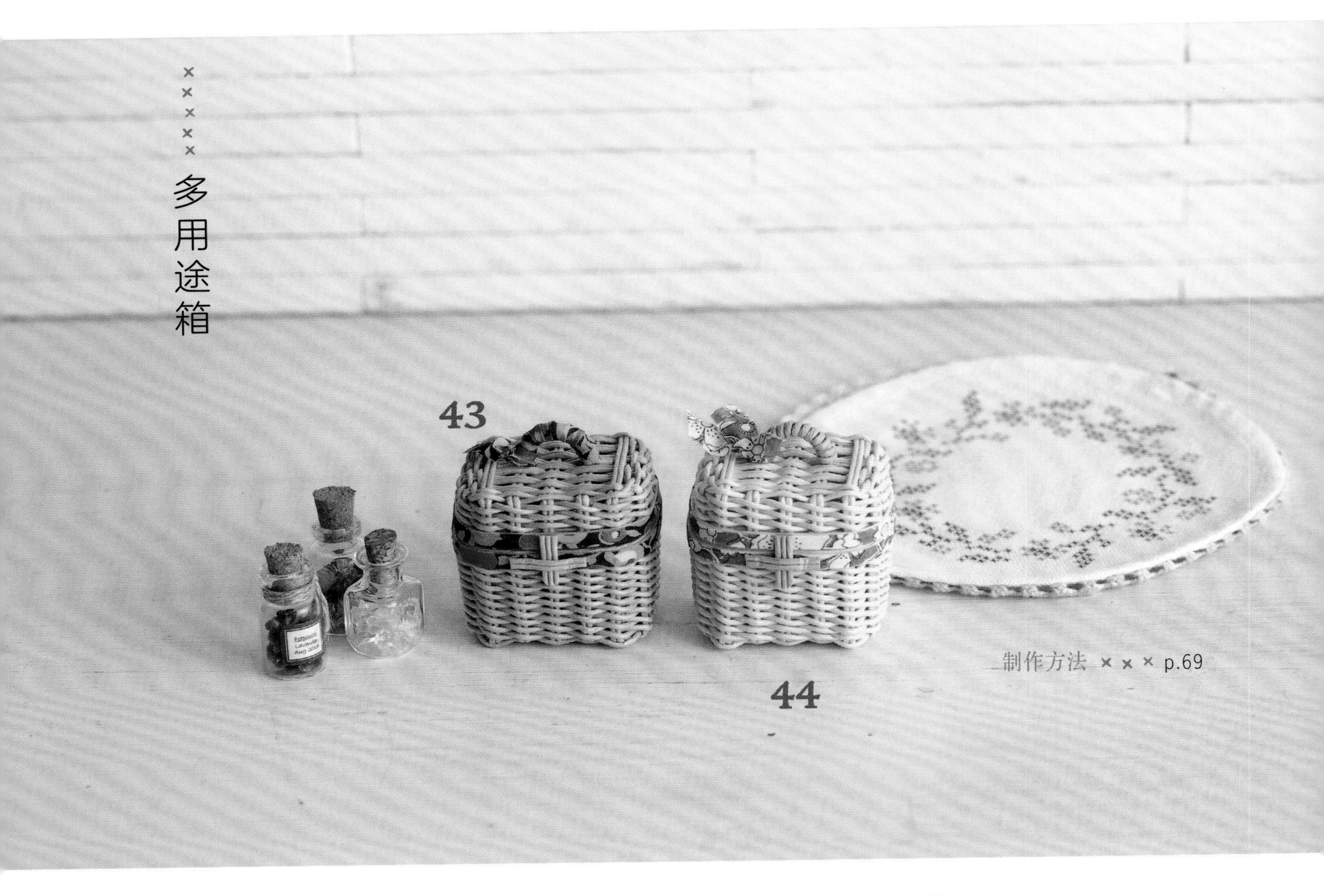

43

44

制作方法 × × × p.69

× × × × ×

形状可爱的多用途箱。
可作为饭盒、
药盒、缝纫箱等。

× × × × ×

面包店里常用的烘焙篮。
运用纵交错的技法。

制作方法 × × × p.70

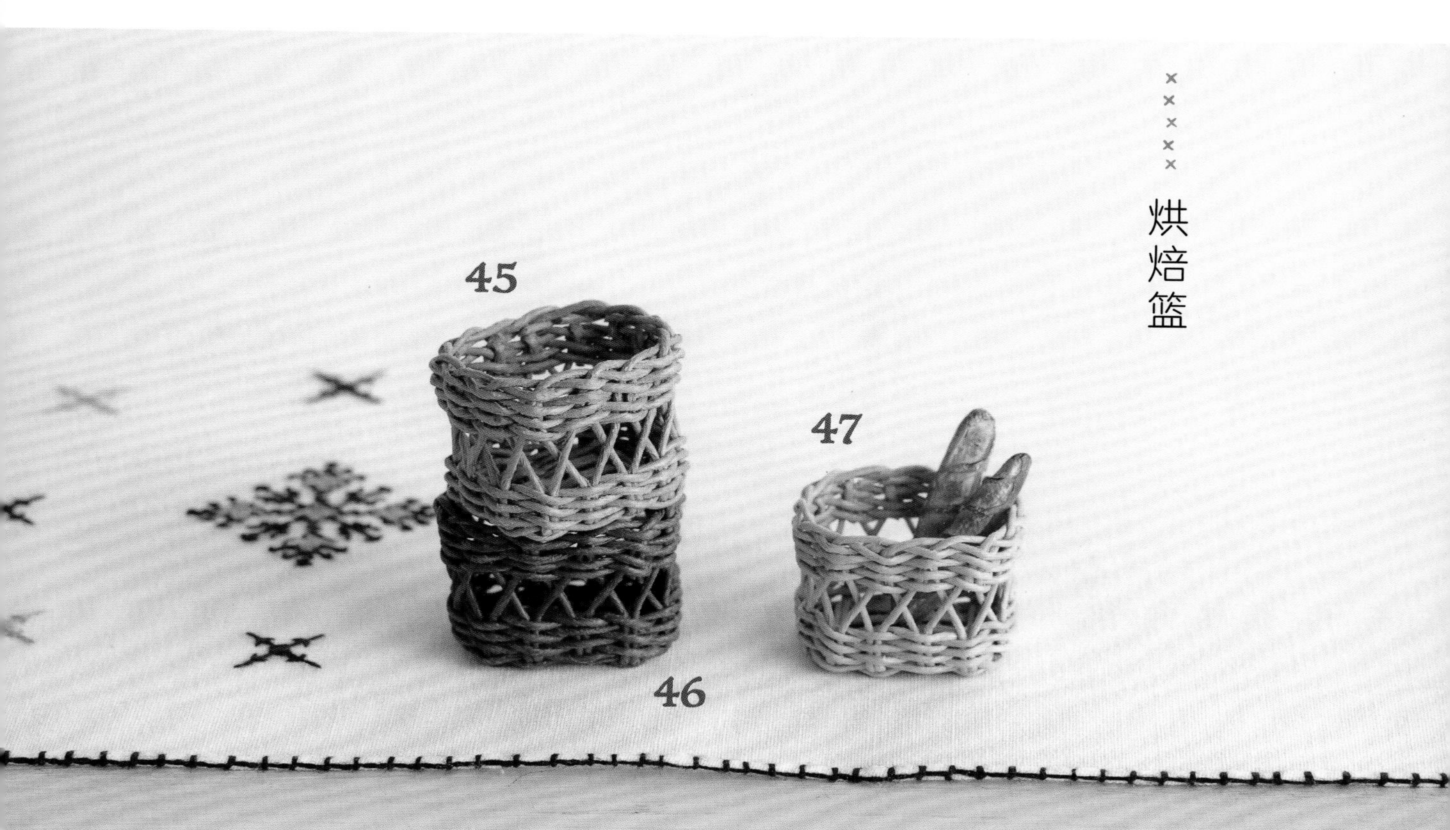
45
46
47

× × × × ×

烘焙篮

第四部分　其他形状置物篮
婴儿摇篮
48
49

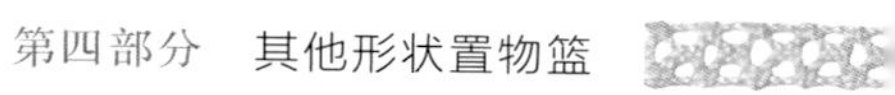

制作方法 ××× p.73

×××××

形状这样可爱的摇篮，
中间塞进布团。
这两种颜色有
“森林摇篮”
“夜空摇篮”的感觉。

花篮

51
50

制作方法 ××× p.76

×××××

开口稍宽的圆筒状花篮，
放进花束装饰。
有提手可以挂在墙上。

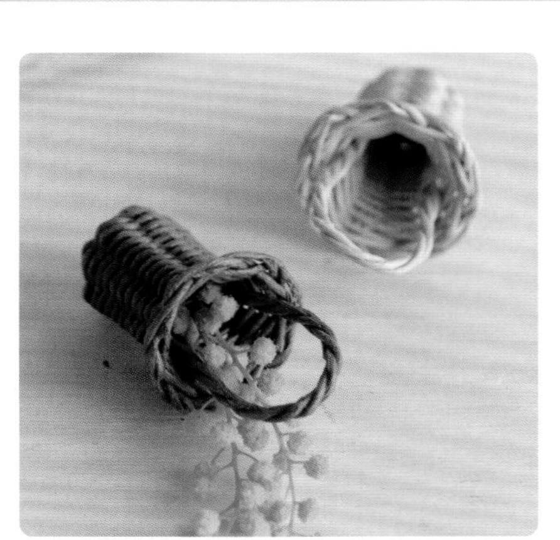

壁挂小物篮

52

制作方法 ××× p.78

编 3 个半圆形篮筐，
用麻绳系住，
挂墙放小物，
用作玩偶的家装饰品
也不错。

柏谷真纪的创意

nikomaki*
53
画架
55 盒子
54
饼干

制作方法 × × × **53**…p.80 **54**…p.80 **55**…p.81

用纸藤余料做这些吧！

除了一般的作品，还有很多可爱独特的创意。
用纸藤余料，可以做很多置物篮以外的小物。
作为装饰，趣味倍增。♪

用细长的纸藤粘贴做画架。可以放上喜欢的文字和图画、厚纸板或是自己的原创画。

用打孔钳夹出圆形饼干，放进玻璃瓶中。

DULTON

用纸藤贴出盒子，看起来像木制的。纸藤显现出木纹，是很有创意的作品。

其他的创意点子！

剪出碎花小布，像俏丽的印花手帕，放进篮子。

做好的置物篮也可以作为可爱的饰品。加上蕾丝，穿上皮绳，作为项链。这样的变化还有很多。

制作开始前的准备

在开始制作作品前，要先了解纸藤的特征和必备的工具。

●材 料

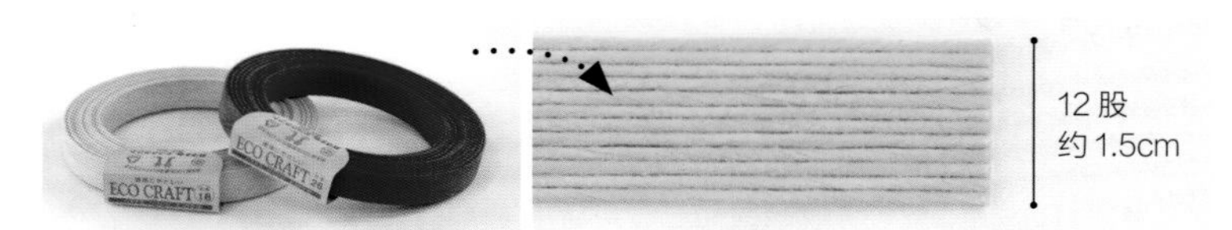
12 股
约 1.5cm
ECO CRAFT

纸藤 5m 卷（全 26 色）

纸藤是 12 股贴合在一起的手工宽编条（藤条）。根据股数，自由调整宽度分割成编条。股数、长度等请参考裁剪图纸。

※ 不同色号，宽度有细微差别。

●编条分割方法

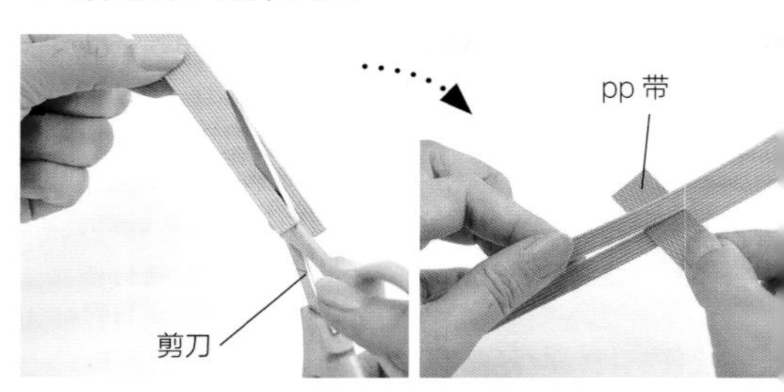
剪刀
pp 带

将编条从边缘剪 2 ～ 3cm，用 pp 带（捆行李包装绳）划开分割。

●工 具　※ 制作作品必备的工具。

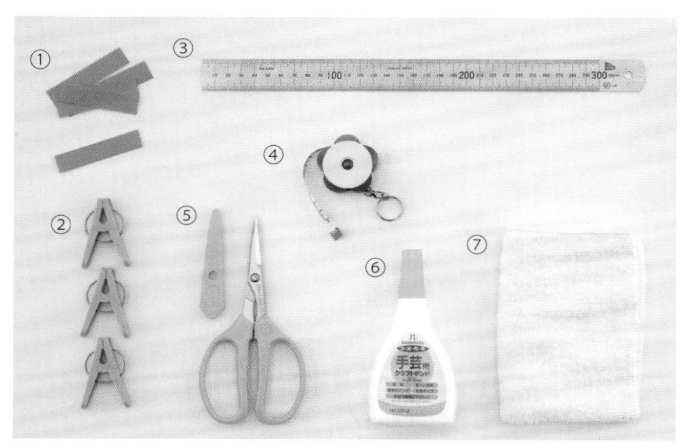
①
②
③
④
⑤
⑥
⑦
100
200
300
手芸

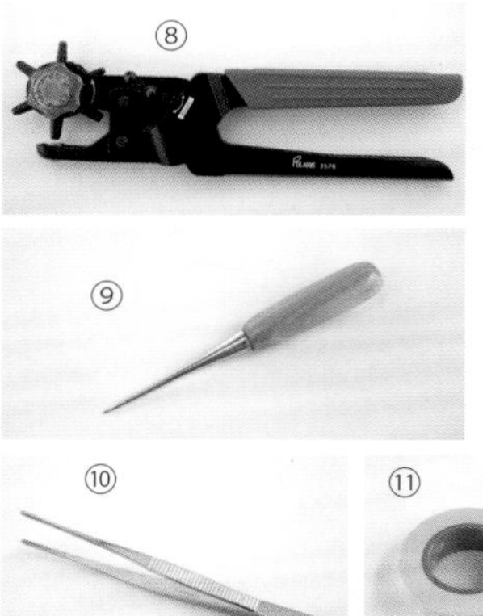
⑧
⑨
⑩
⑪

① pp 带（捆行李包装绳）
② 晾衣夹
③ 直尺（30cm）
④ 卷尺
⑤ 剪刀
⑥ 手工胶水
⑦ 湿毛巾（※ 擦手及素材上的胶）
⑧ 打孔钳
⑨ 锥子
⑩ 镊子
⑪ 美纹胶带

●作者的建议

※ 开始做手编纸藤分割器！

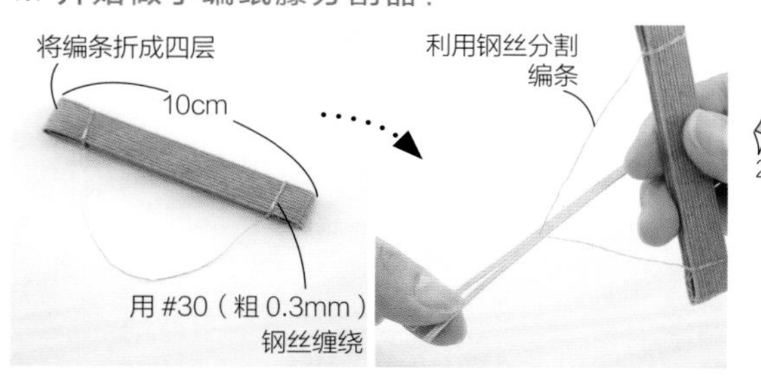
将编条折成四层
10cm
用 #30（粗 0.3mm）
钢丝缠绕
利用钢丝分割
编条

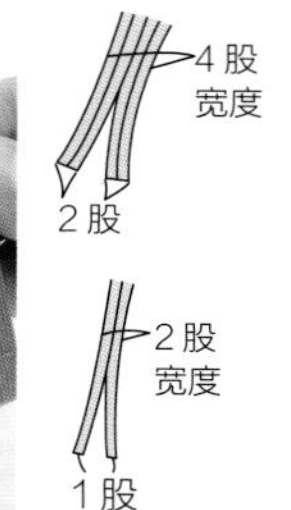
4 股
宽度
2 股
2 股
宽度
1 股

刊载作品中，使用 1 股编条进行编织的情况很常见。可以做这样的分割器。保证每等分的编条受力均匀，能美观地分割。

※ 将分割好的编条捆扎收纳

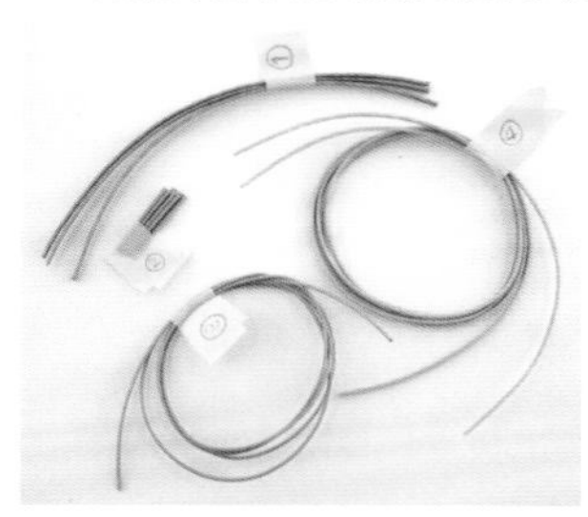

按照图纸顺序编条，用编号捆扎编条，使来非常方便。

品美观的诀窍

介绍使作品美观的诀窍。

作底座

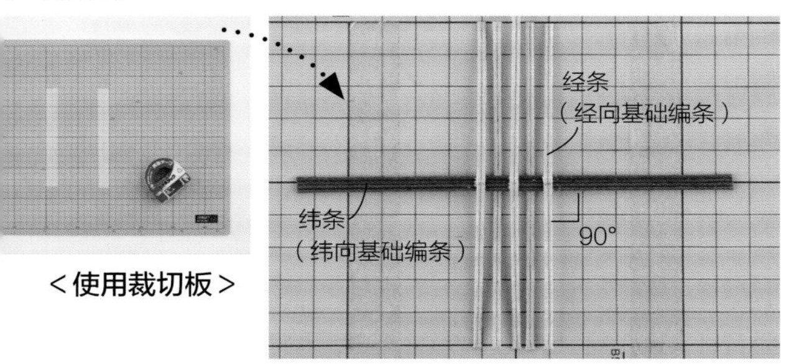

经条
（经向基础编条）
纬条
（纬向基础编条）
90°

＜使用裁切板＞

整的窍门是在裁切板上贴双面胶，沿着标尺线排列经条和纬条。这样来也很方便。

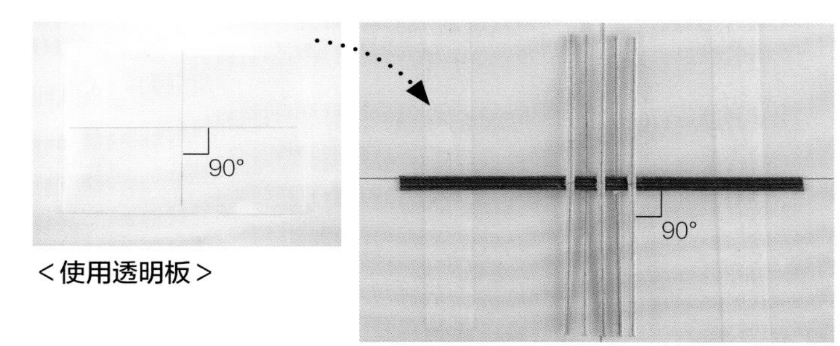

90°
90°

＜使用透明板＞

不用裁切板的话，可用透明板（中间在纸上画十字）贴双面胶代替，沿着十字线排列经条和纬条。

错时

，用熨斗的蒸汽可以轻胶水。

●使用镊子

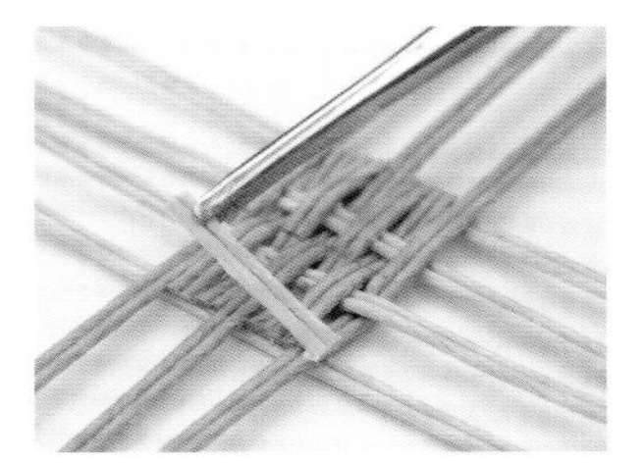

细节部分可以使用镊子，制作起来比较省力。

●处理纵编条（经纬条）

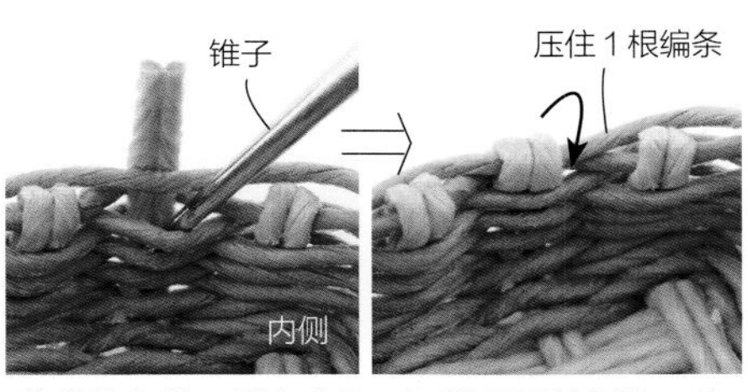

锥子
内侧
压住 1 根编条

将纵编条的一端向内折，用锥子调整间隙，将纵编条压住 1 根编条，将多出部分塞入内部。

●完成后

完成后用喷壶喷水调整形状，使之自然干燥。

膝编织方法

介绍刊载作品运用的编织方法。

替编法

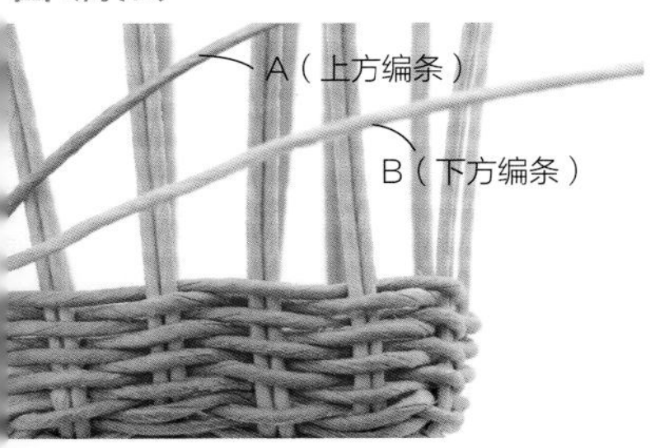

A（上方编条）
B（下方编条）

B 两股编条，沿着纵编条交替编织，从外。

2
放在
一边
A
B

A 编条暂且放在一边，只编织 B 编条，交替编织。

3
A
B
放在
一边

接着，将下方的 B 编条暂且放在一边，用 2 中的 1 根 A 编条与纵编条交替编织。这就是交替编法。

●右捻编法

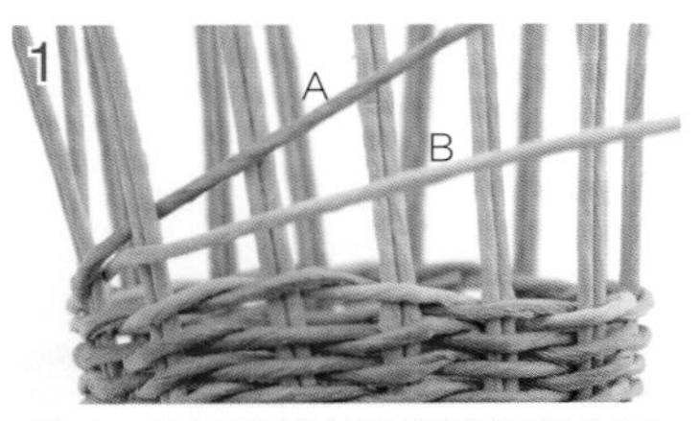
1
A
B

将A、B两股编条沿着纵编条交替编织，从外侧拉出。

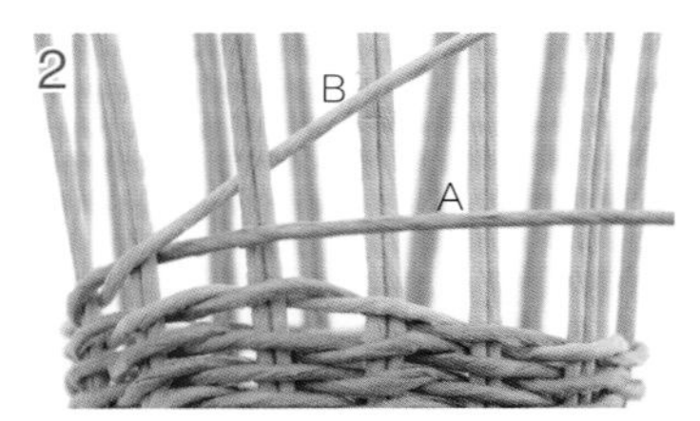
2
B
A

将下方的B从A的右上往外侧拉出。

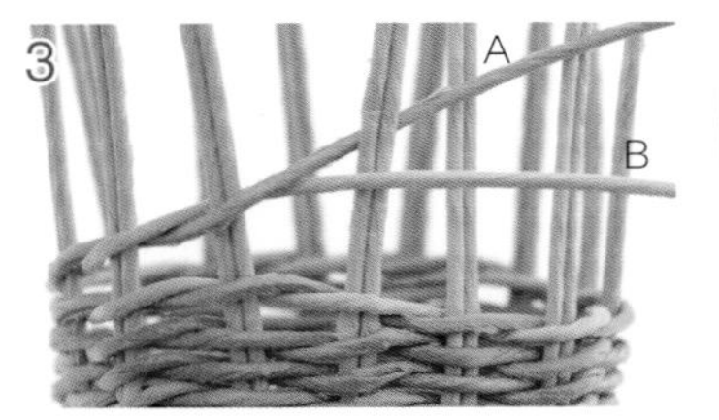
3
A
B

接着，将下方的A从B的右上往外侧拉出。

4

重复2、3，A、B交错向右
编条编织并拉出。

5

就这样编织需要的层数。

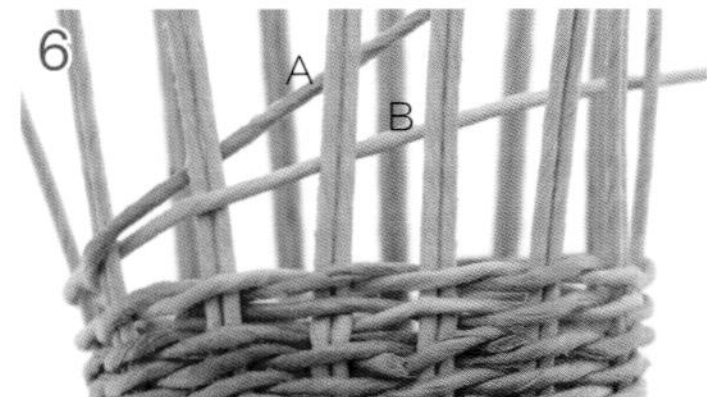
6
A
B

编完后，A、B绕到内侧。

7

结束时的处理，6中的A（上方编条）从B的下方编条穿过拉到外侧，接着穿B（下方编条）拉到外侧。

8

内部用喷壶喷水调整编条
剪去多余的编条。这就
编法。

●左捻编法

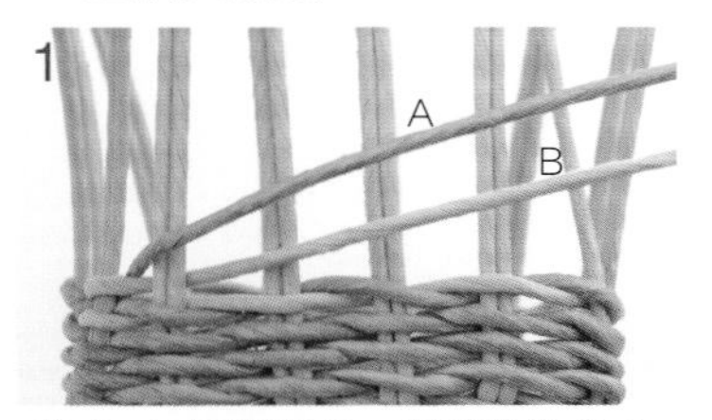
1
A
B

将A、B两股编条，沿着纵编条交替编织，从外侧拉出。

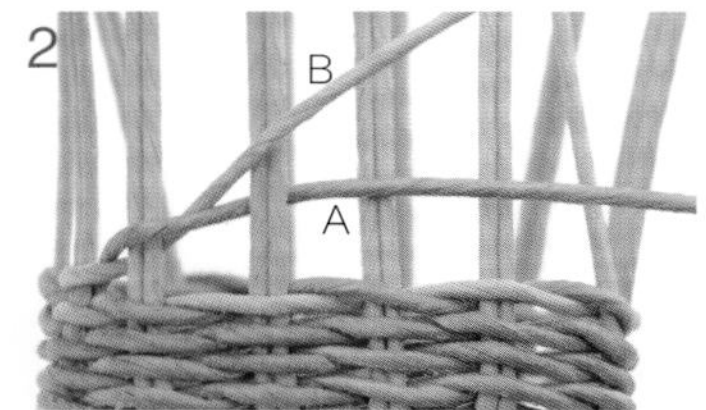
2
B
A

将上方的A从B的右下往外侧拉出。

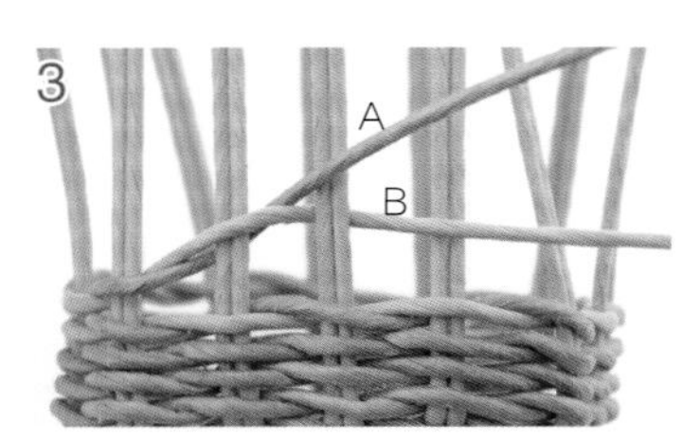
3
A
B

接着，将B从A的右下往外侧拉出。

4

重复2、3，A、B交错向右
编条编织并拉出。

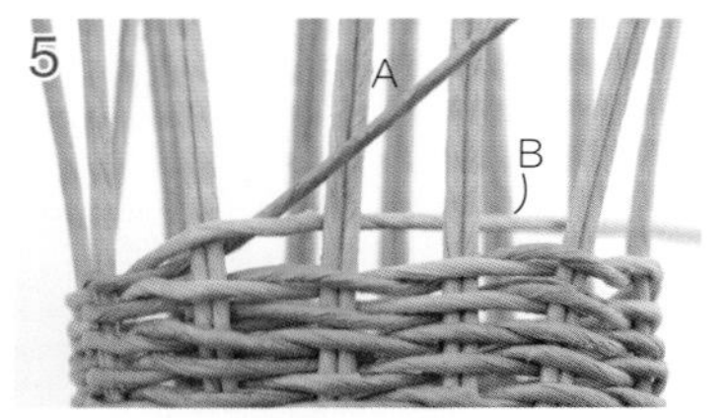
5
A
B

就这样编织需要的层数。B从A的下方绕到内侧。

6

结束时的处理，5中的A（上方编条）按箭头方向穿到内侧，拉紧编条。

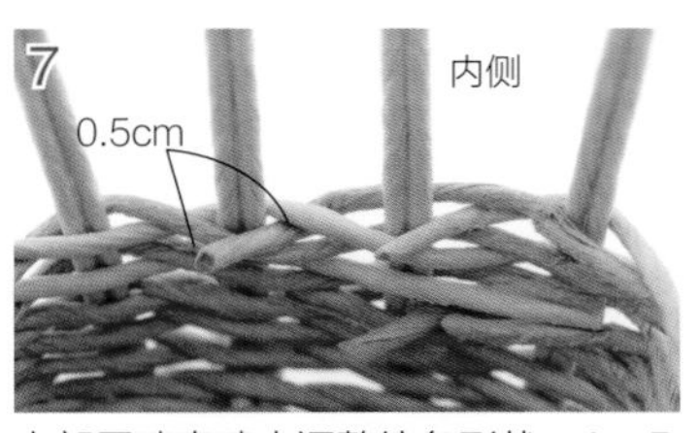
7
0.5cm
内侧

内部用喷壶喷水调整编条形状，A、B预留出0.5cm，剪去多余的编条。

8

这就是左捻编法。

3 股绳编法

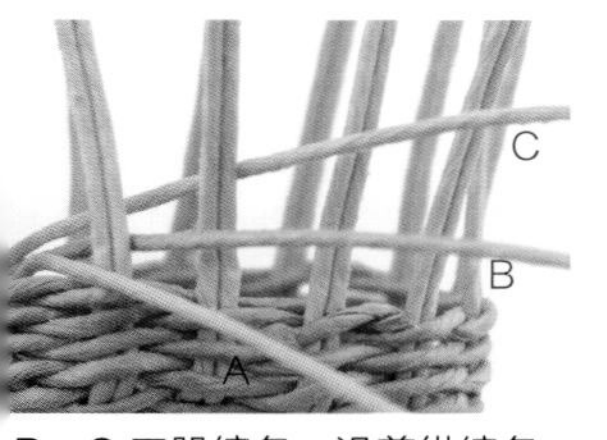

C
B
A

B、C 三股编条，沿着纵编条
织，从外侧拉出。

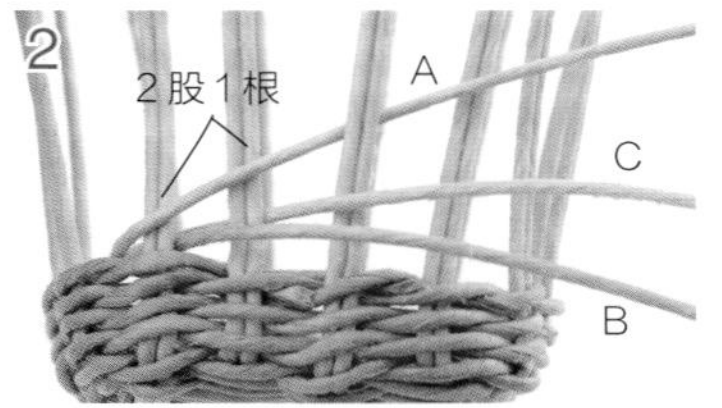

2
2股1根
A
C
B

A 在 B、C 上方，穿过 2 根纵编条，挂在第 3 根上。

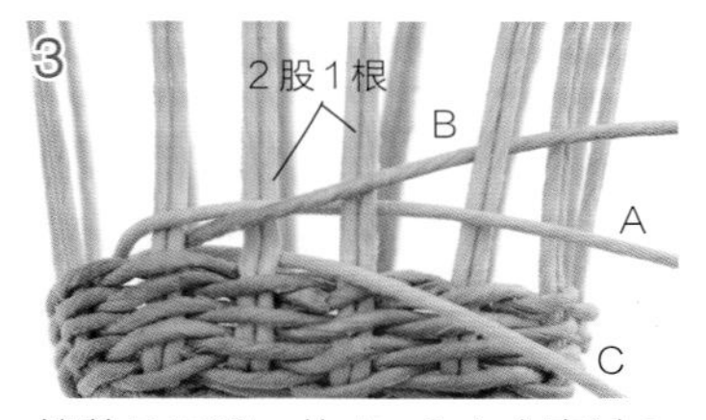

3
2股1根
B
A
C

接着 B 同理，从 A、C 上方穿过 2 根纵编条，挂在第 3 根上。

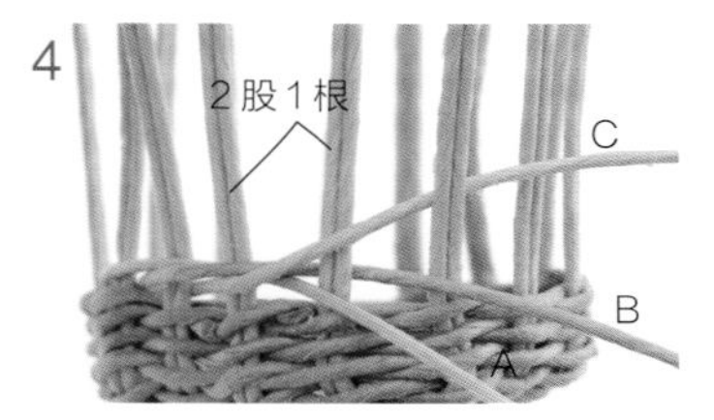

4
2股1根
C
B
A

接着，C 也同理，从 A、B 上方穿过 2 根纵编条，挂在第 3 根上。

～4 继续编织。

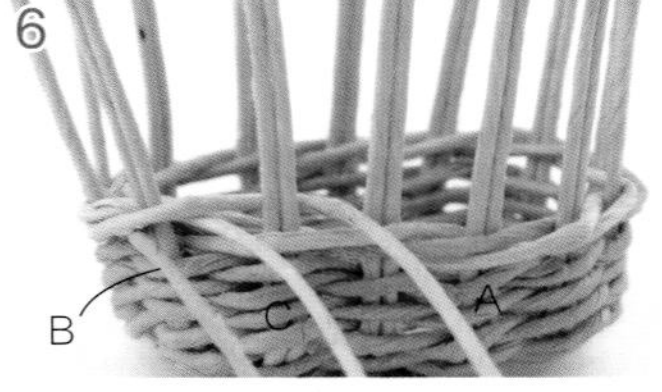

6
B
C
A

右 3 股绳编完成 1 周。

7
B

结束时，6 中的 B 穿过 2 根纵编条，挂在第 3 根上，从内侧穿过编条，从外侧拉出。

8

内部用喷壶喷水调整编条形状，A、B、C 多余的编条沿编条边缘剪掉。这就是右 3 股绳编法。

3 股绳编法

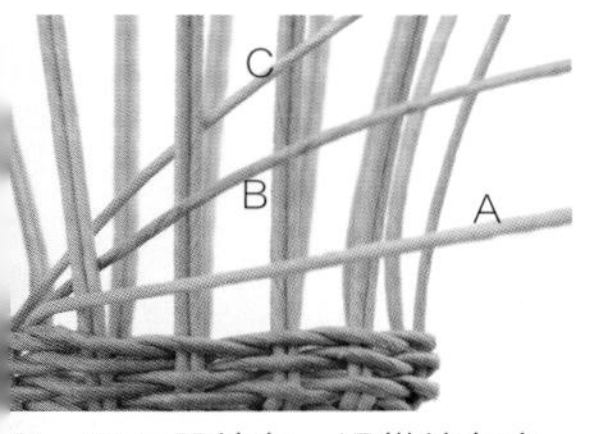

C
B
A

B、C 三股编条，沿纵编条交
，从外侧拉出。

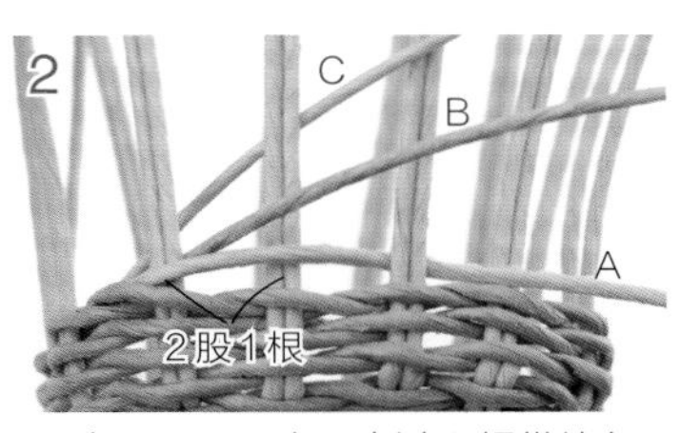

2
C
B
A
2股1根

A 在 B、C 下方，穿过 2 根纵编条，挂在第 3 根上。

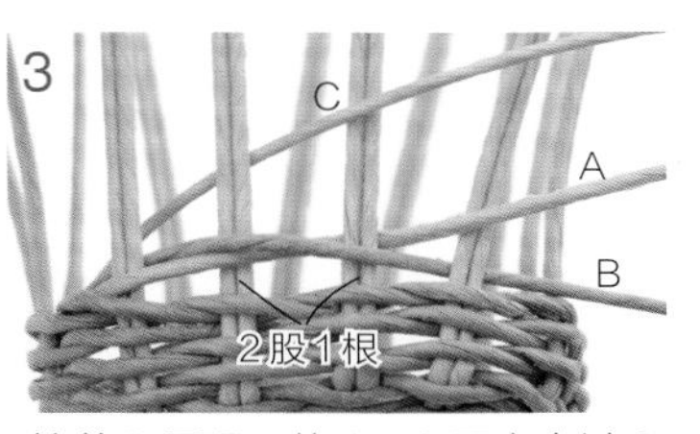

3
C
A
B
2股1根

接着 B 同理，从 A、C 下方穿过 2 根纵编条，挂在第 3 根上。

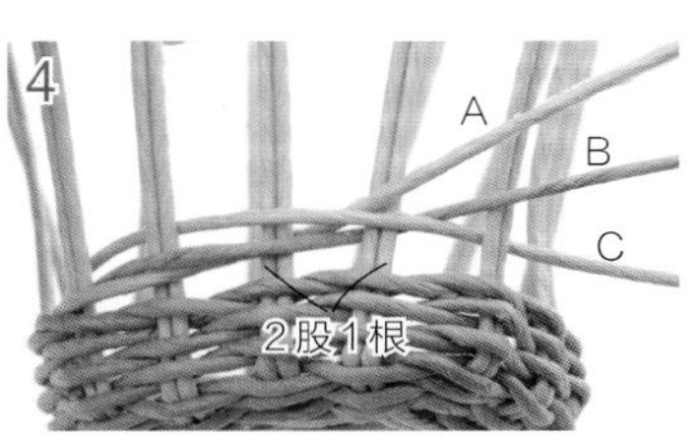

4
A
B
C
2股1根

接着，C 也同理，从 A、B 下方穿过 2 根纵编条，挂在第 3 根上。

A
B

～4 继续编织完成 1 周。

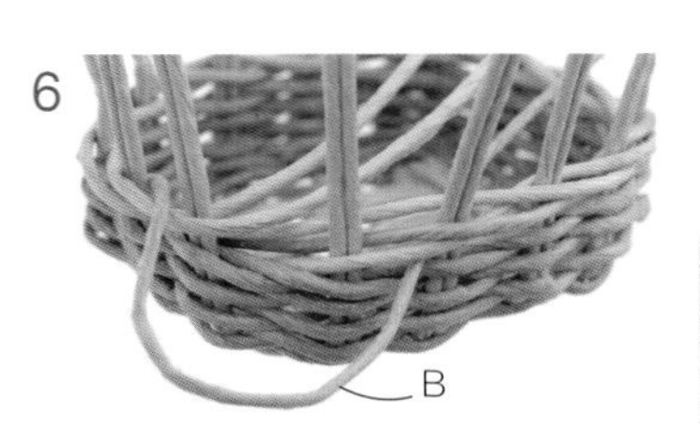

6
B

结束时，5 中的 A、C 穿过 2 根纵编条，穿到内侧。B 穿过 2 根纵编条，朝内侧拉紧。

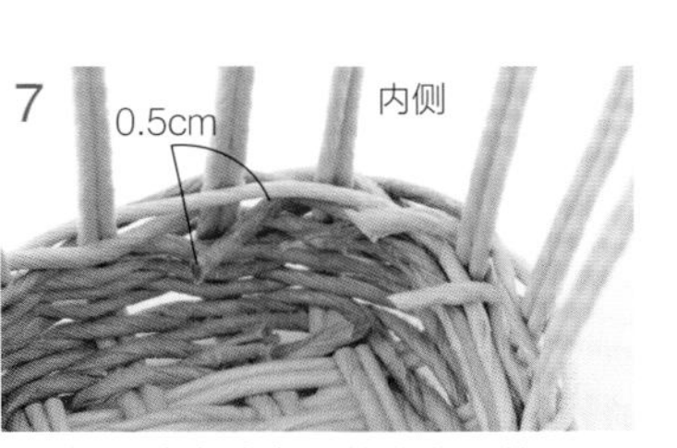

7
0.5cm
内侧

内部用喷壶喷水调整编条形状，A、B、C 编条留 0.5cm，其余剪掉。

8

这就是左 3 股绳编法。

底部编法

●椭圆形底的编法

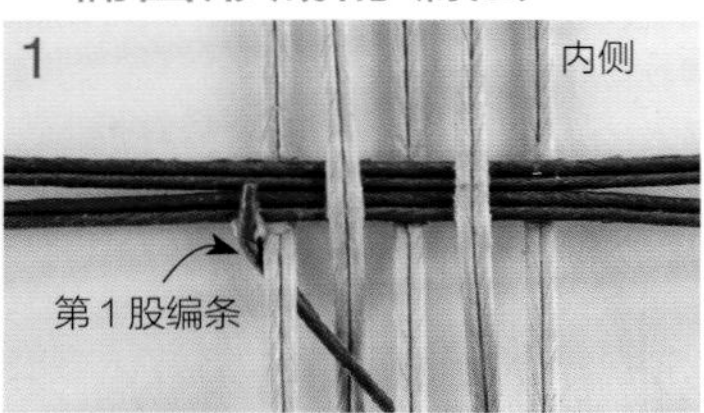

1
内侧
第 1 股编条

底部内侧，在第 1 股编条端部涂胶水，固定在纬条上，穿过经条交替编织。

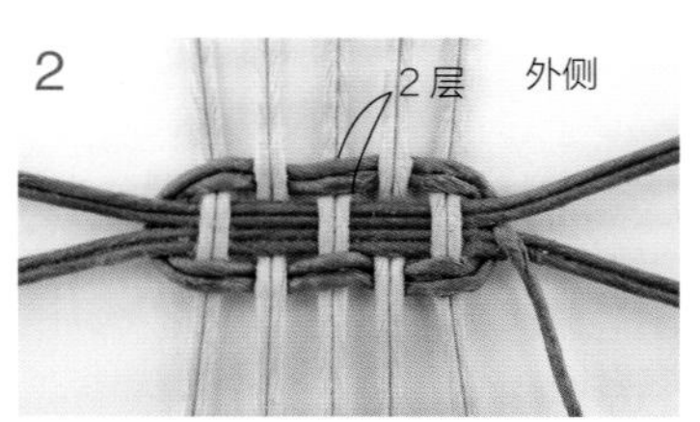

2
2 层
外侧

外侧向上，按照图中所示第 2 层和第 1 层编法相同，纬条分割成 2 根。

3

第 3 层，和前面相互交错编织半周。

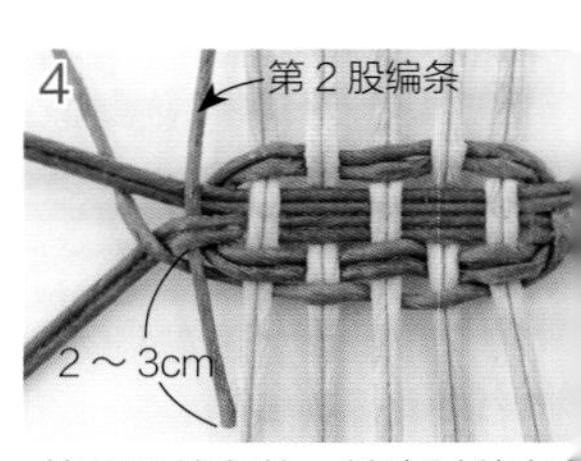

4
第 2 股编条
2～3cm

第 2 股编条的一端穿过纬条白
拉向内侧，注意端部不要完全
用第 1 股编条盖住。

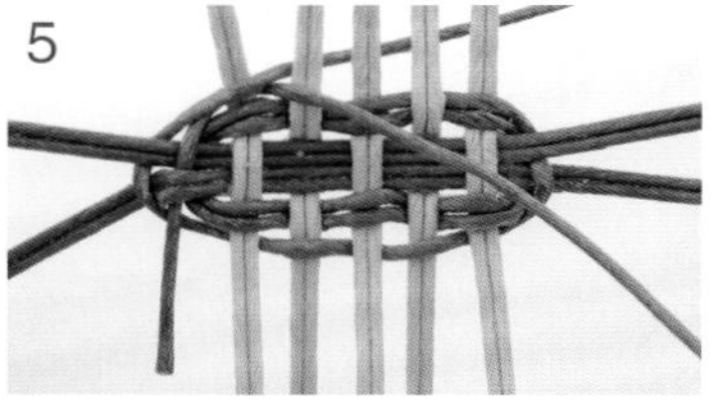

5

接着进行第 2 股编条的交替编法（参考 p.33）。

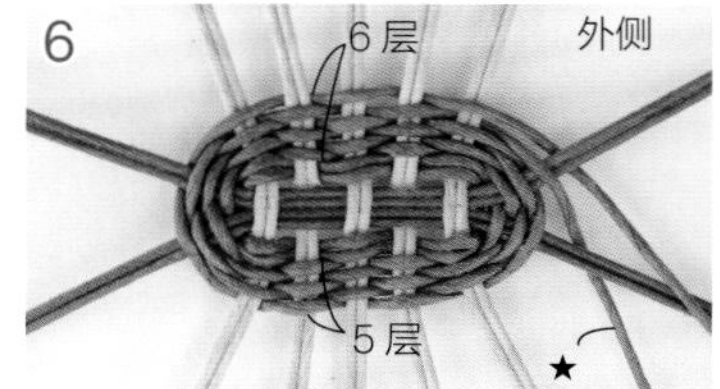

6
6 层
外侧
5 层
★

用交替编法完成两周半的编织。

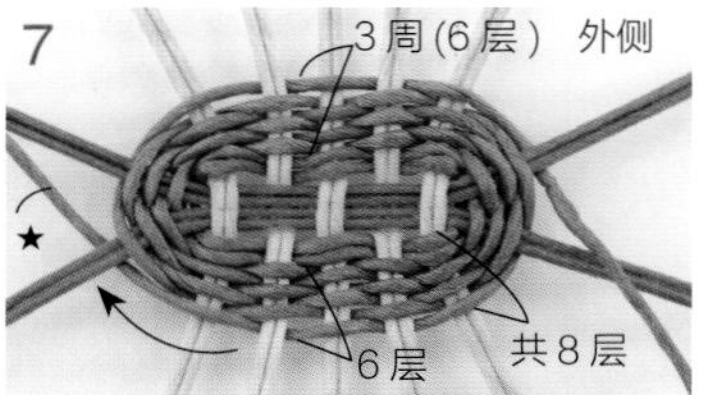

7
3 周（6 层）
外侧
★
6 层
共 8 层

接着，最后一层时处理，内侧编条（★）编织半周，左右编条如图所示放置。

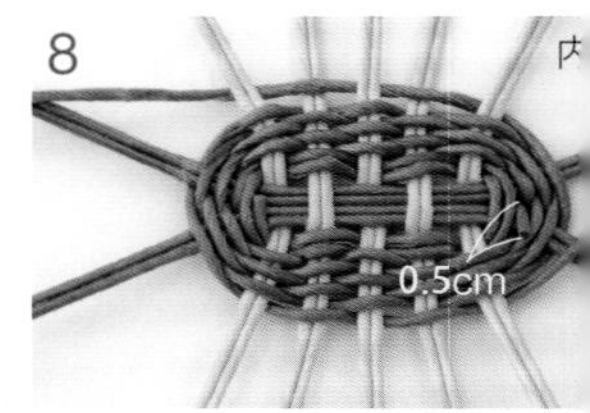

8
0.5cm

内侧向上，拉紧 4 中第 2 股
端部，拉紧，预留 0.5cm，
分剪掉。

●圆形底的编法

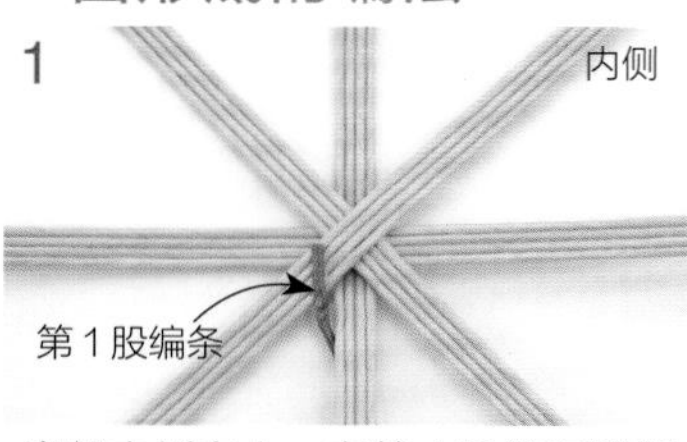

1
内侧
第 1 股编条

底部内侧向上，在第 1 股编条端部涂胶水，固定在斜向的编条上。

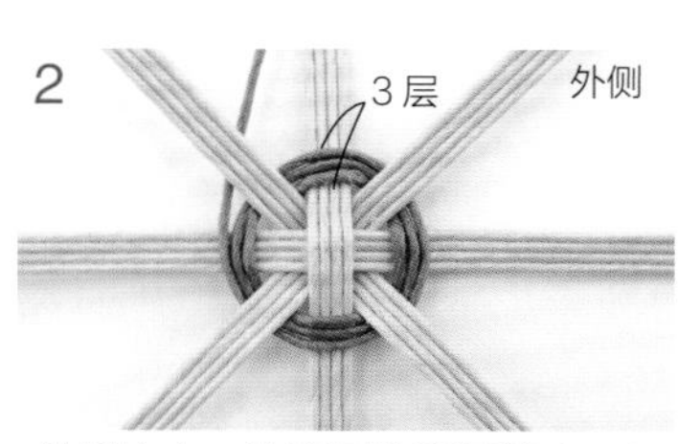

2
3 层
外侧

外侧向上，按照图片所示第 1～3 层采用同样的编法编织，完成后，编条放置一旁。

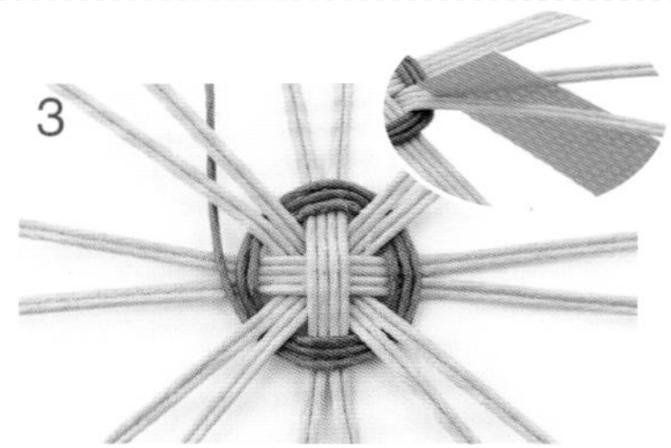

3

接着，将十字形编条全部分为 2 根，形成 V 字。

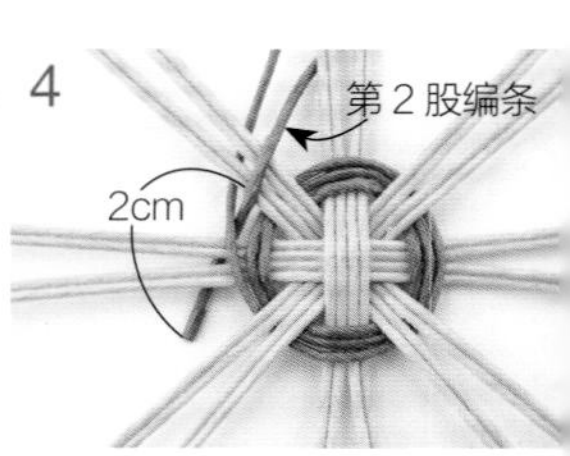

4
第 2 股编条
2cm

第 2 股编条从十字编条的间
内侧，注意端部不要完全拉
第 1 股编条盖住。

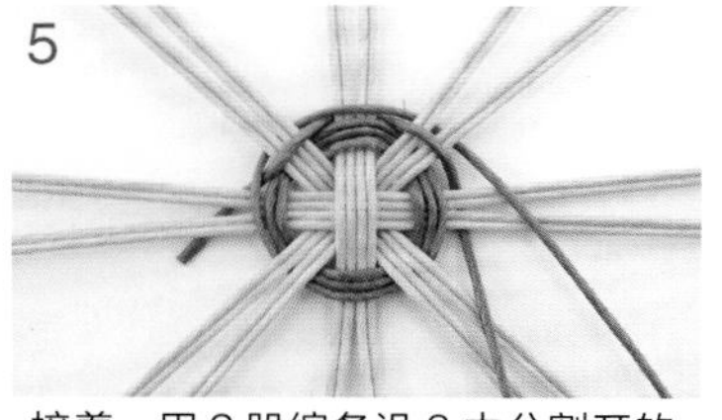

5

接着，用 2 股编条沿 3 中分割开的 3 根编条交替编织（参考 p.33）。

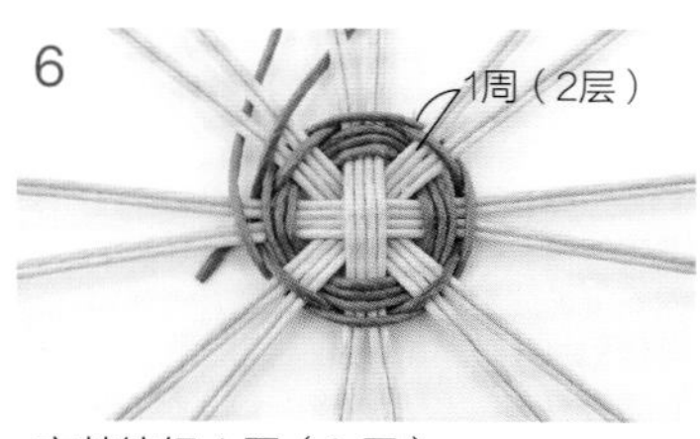

6
1周（2层）

交替编织 1 周（2 层）。

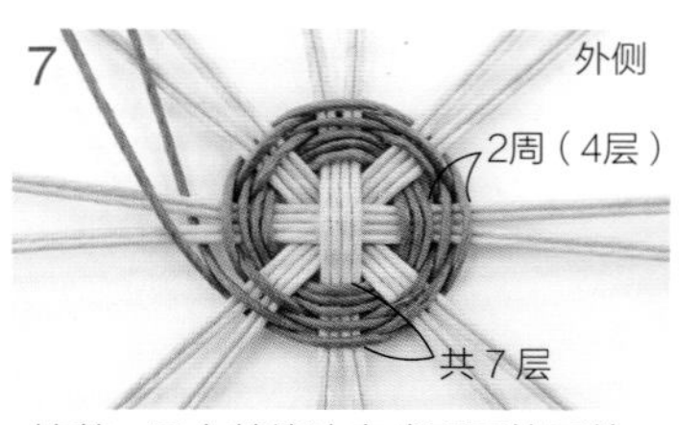

7
外侧
2周（4层）
共 7 层

接着，用交替编法完成需要的层数，完成底部编织。

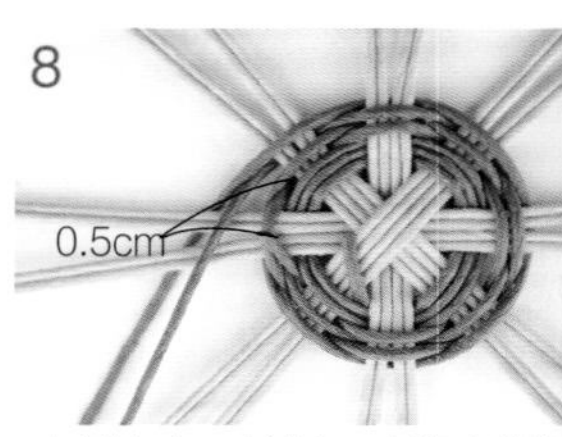

8
0.5cm

内侧向上，拉紧 4 中第 2 股编
端部，拉紧，预留 0.5cm，
部分剪掉。

、2 简单椭圆形篮 ×××××××××××××× p.6

材料 Hamanaka 纸藤（5m 卷）
栗色（14）200cm
淡黄色（13）100cm
其他 1 布（5cm×10cm）、
#16 麻线少许（留绳用）
工具 参考 p.32
完成尺寸 参考图片

作品 1 编条分割股数（参考裁剪图）

纬条	4 股	13cm，1 根
经条	2 股	10cm，4 根
经条	2 股	18cm，1 根
编条	1 股	200cm，2 根
提手卷绳	1 股	40cm，1 根

作品 2 编条分割股数（参考裁剪图）

纬条	4 股	11cm，1 根
经条	2 股	9cm，2 根
经条	2 股	15cm，1 根
编条	1 股	100cm，2 根
提手卷绳	1 股	40cm，1 根

＊ 1、2 纸藤裁剪图

1 栗色

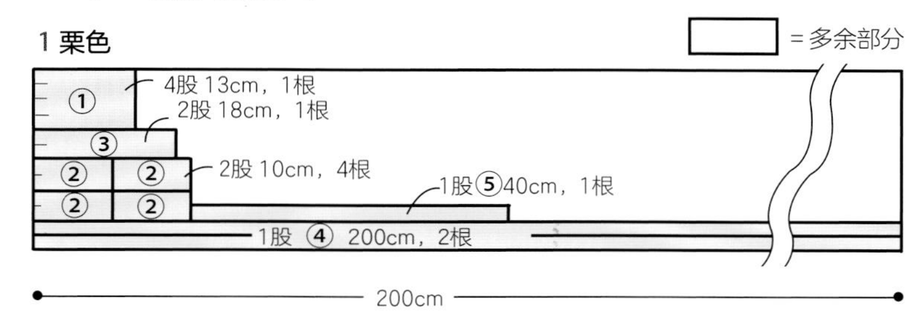

=多余部分
①
4股 13cm，1根
2股 18cm，1根
③
②
②
2股 10cm，4根
1股⑤40cm，1根
1股 ④ 200cm，2根
200cm

2 淡黄色

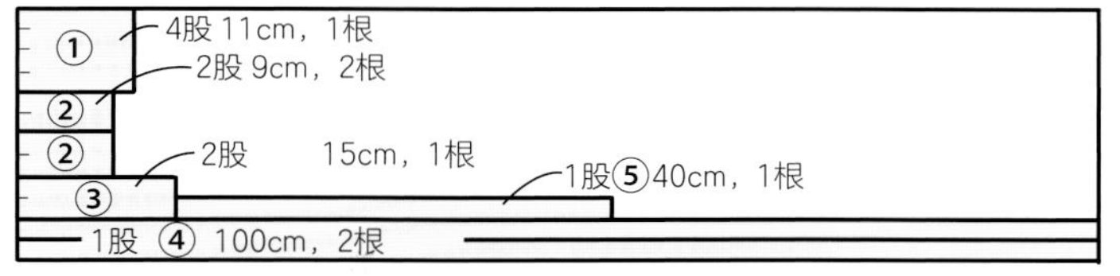

①
4股 11cm，1根
2股 9cm，2根
②
②
2股 15cm，1根
③
1股⑤40cm，1根
1股 ④ 100cm，2根
100cm

1 的制作方法
解说，改变了配色。）

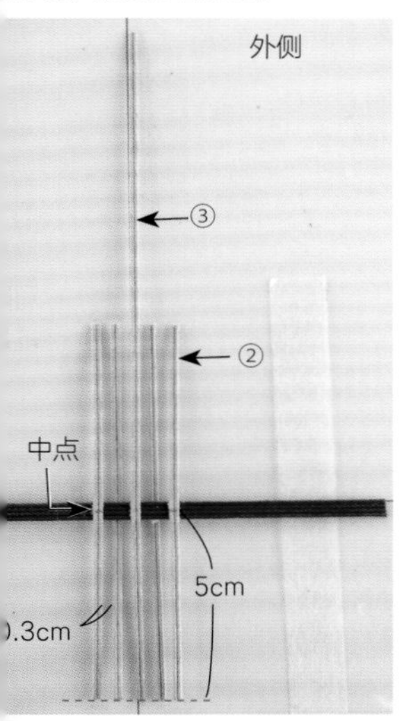

外侧
③
②
中点
5cm
.3cm

①纬条置于中点，1 根③经条
②经条如图所示排列，涂胶水

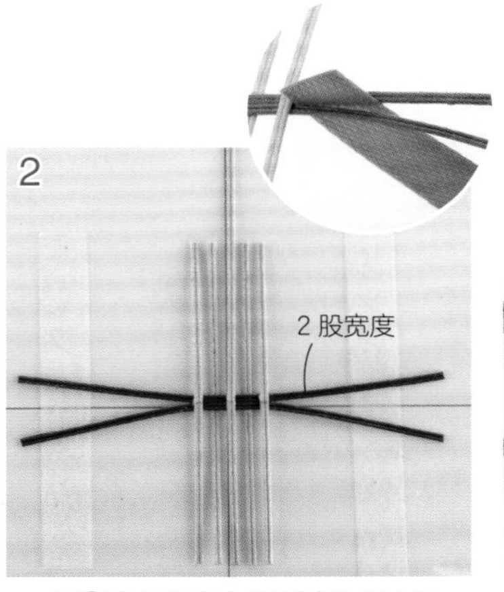

2
2 股宽度

将①纬条的左右分割成 2 股 1 根。

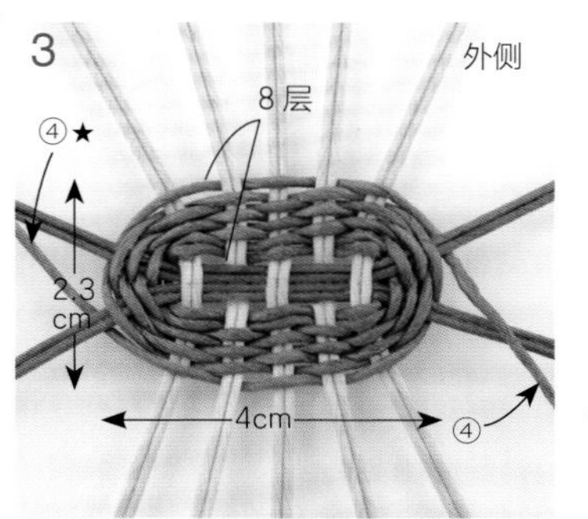

3
外侧
8 层
④★
2.3 cm
4cm
④

底部用 2 根④编条进行椭圆形底（参考 p.36）编织，共计 8 层，将编条置于一边。

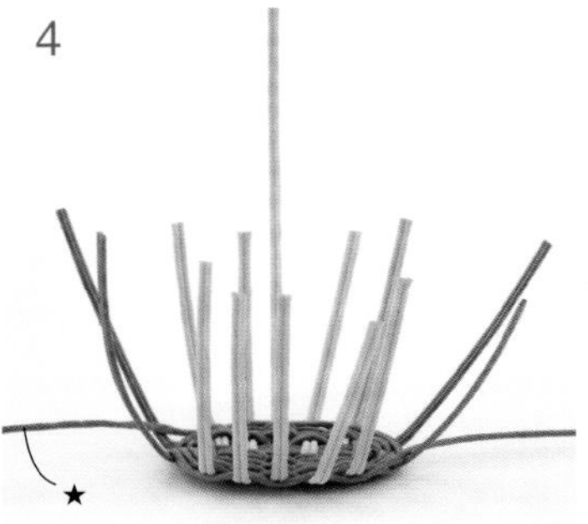

4
★

翻到 3 的反面，将底部的编条向内弯折，使它立起来。

5
★

编织侧面。3 中的编条继续沿 4 ★侧的编条缠绕半周，整理 2 根编条。

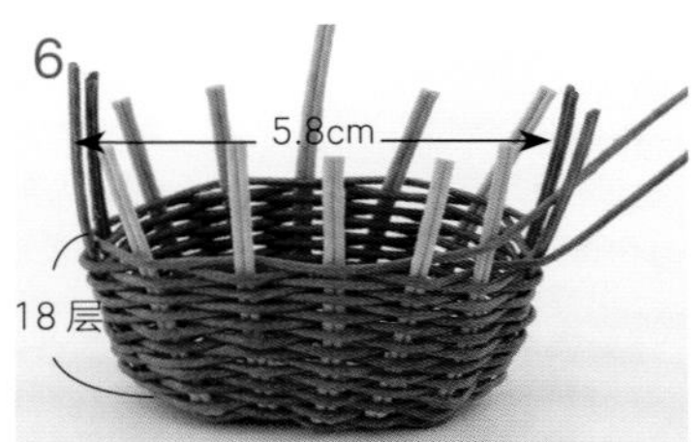
6
5.8cm
18 层

继续进行交替编法完成侧面编织，共计 18 层，将编条置于一边。

7
2 周
2.5cm

继续用 2 根编条进行左捻编法（参考 p.34）完成 2 周编织，处理端部。

8

整理编条，剩余的③经条留一短 2 根，其余全部向内弯折

9

接着将弯折的编条塞进第 2 层编条的下方（参考 p.33）。

10
剪去

接着将 8 中剩余的短编条沿边缘剪下。

11
5cm

制作提手，在长编条上涂胶水，将其从外侧塞进编条。

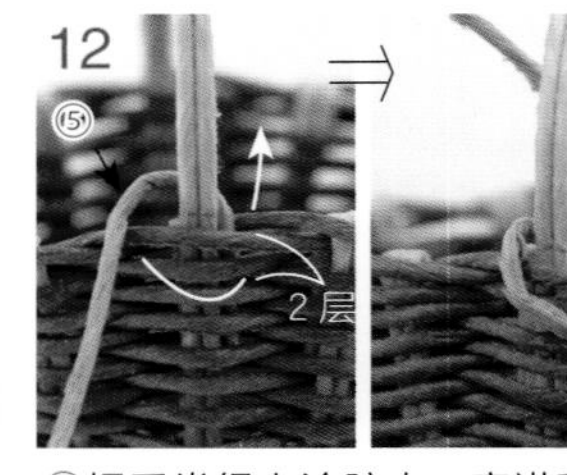
12
⑮
2 层

⑤提手卷绳上涂胶水，塞进和同的编条内 1cm 深。接着斜向穿出，从 2 层下方往内侧穿。

13
外侧

继续从内侧朝经条左侧穿，沿箭头方向形成十字形装饰。

14
外侧

继续用⑤提手卷绳缠绕提手。

15
2 层

一直绕到对侧，并进行十字形装饰。朝外侧穿绳，从第 2 层编条的下方位置朝内穿。

16

接着，从内侧的经条的右侧形成十字形。

17
内侧

将 16 中的端部塞进内侧编条，多余部分剪下。

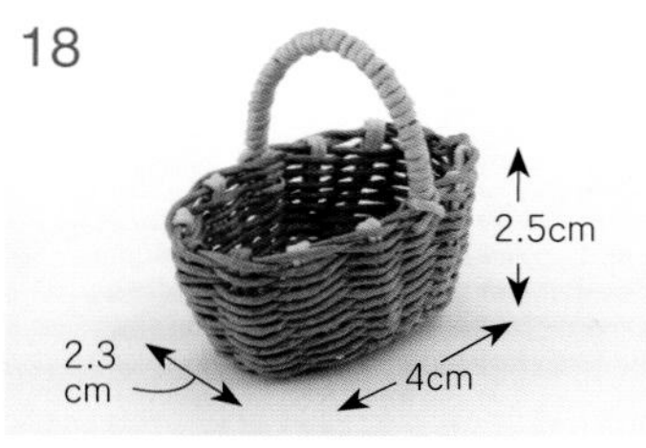
18
2.5cm
2.3
cm
4cm

提手做好，置物篮完成。
尺寸 / 约 2.5cm × 4cm × 2.3cm。

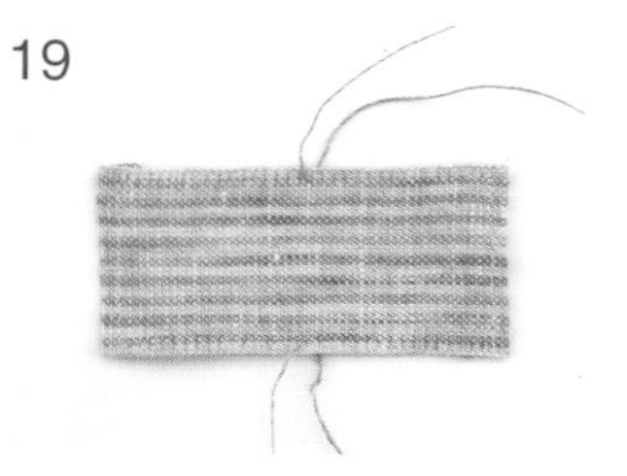
19

参考 p.39 制作盖布。

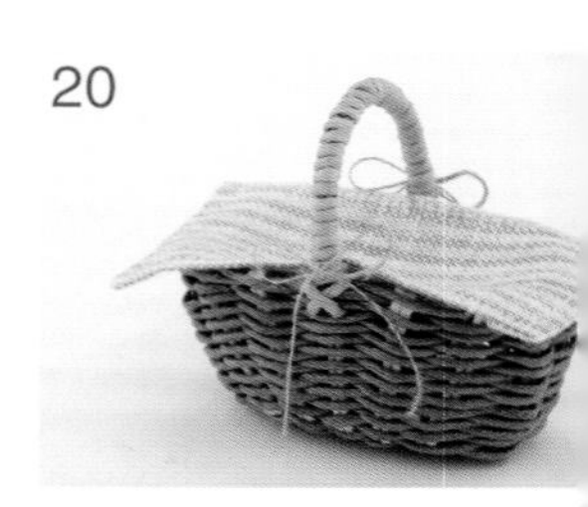
20

将盖布的留绳缠住提手底部结，完成。

品 2 的制作方法 （为方便解说，改变了配色。）

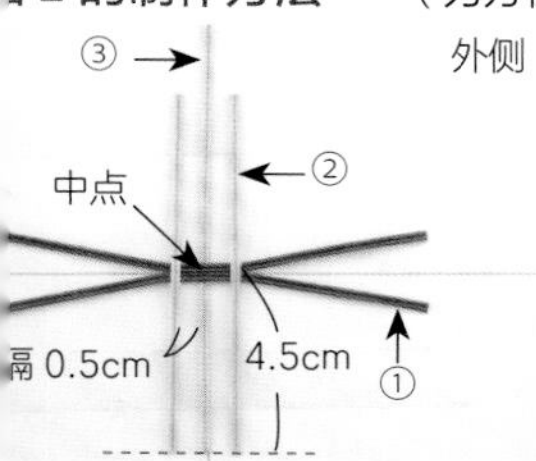

③
外侧
中点
②
隔 0.5cm
4.5cm
①

参考作品 1（p.37）的方法，的上下固定②、③经条，分为 2 股 1 根。

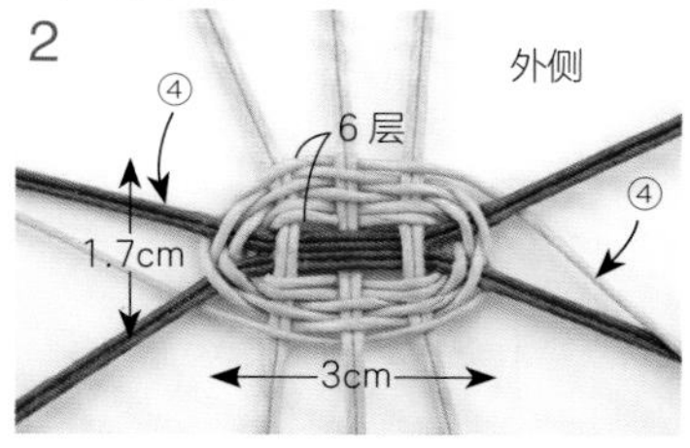

2
④
外侧
6 层
1.7cm
④
3cm

底部用 2 根④编条进行椭圆形底（参考 p.36）编织，共计 6 层，置于一边。

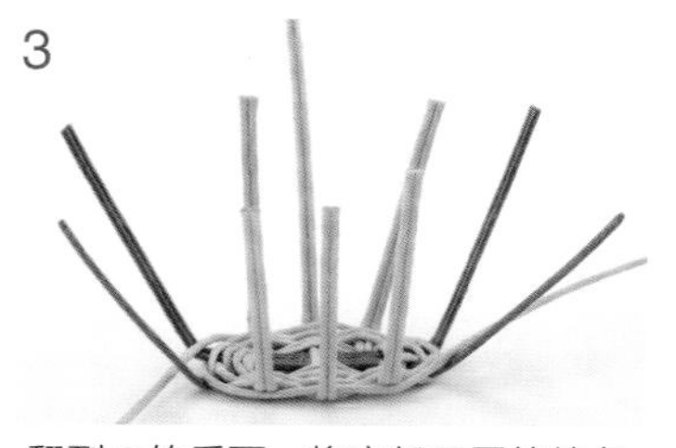

3

翻到 2 的反面，将底部四周的编条向内弯折，使之直立。

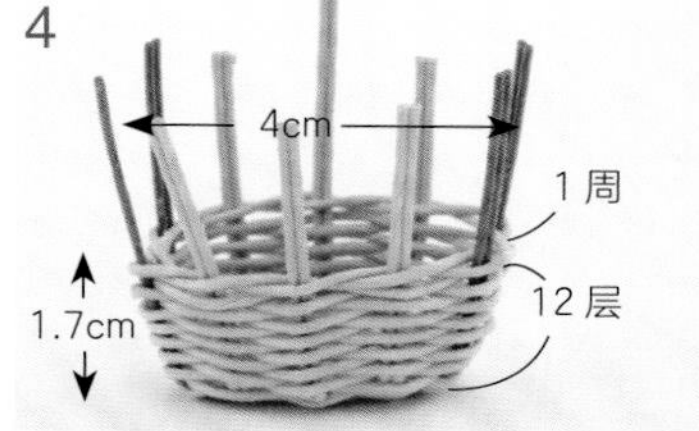

4
4cm
1 周
12 层
1.7cm

侧面按照作品 1 的 5 ～ 7 的方法，交替编织 12 层，然后按右捻编法（参考 p.34）完成 1 周。

1.2cm

条，将③经条留下一长一短，成 1.2cm，朝内侧弯折。

6

将弯折的编条塞进第 2 层编条的下方（参考 p.31）。

7
剪去

接着将 6 中剩余的短③编条沿边缘剪下。

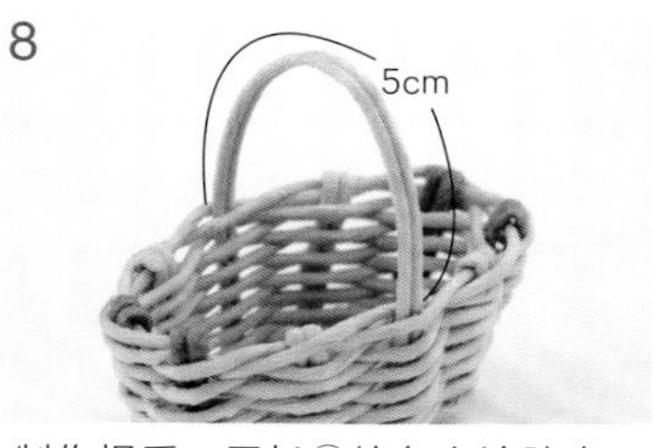

8
5cm

制作提手，用长③编条上涂胶水，将其从外侧塞进编条。

内侧
外侧

绳上涂胶水塞进和提手相同中 1cm，缠绕提手。

10

绕到对侧，塞进内侧编条固定，将多余部分剪掉。

11
1.6cm
1.7
cm
3cm

完成。
尺寸 / 约 1.6cm × 3cm × 1.7cm。

＊盖布制作方法

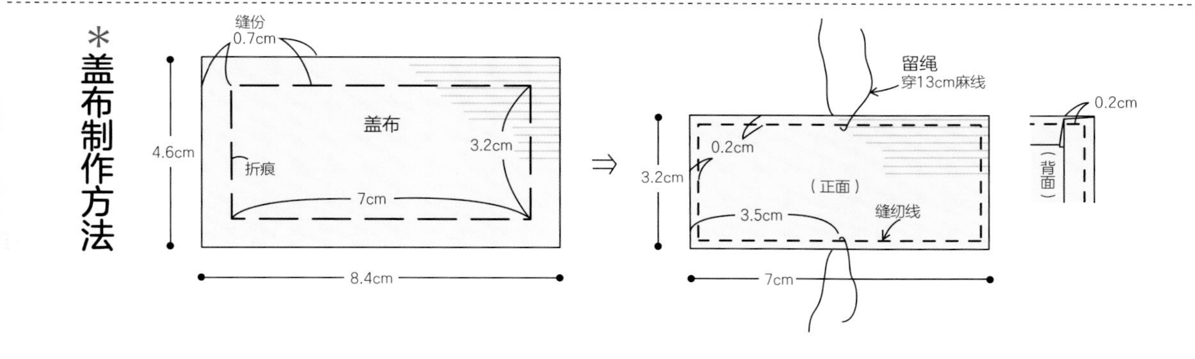

缝份
0.7cm
盖布
3.2cm
4.6cm
折痕
7cm
8.4cm
⇒
留绳
穿13cm麻线
0.2cm
3.2cm
（正面）
3.5cm
缝纫线
7cm
0.2cm
（背面）

3～5 便利店购物篮 ××××××××××××××××××× p.7

p.7

＊**材料**　Hamanaka 纸藤（5m 卷）

3 奶油色（10）90cm

4 栗色（14）90cm

5 粉蓝色（18）90cm

＊**工具**　参考 p.32

＊**完成尺寸**　参考图片

＊**编条分割股数**（参考裁剪图）

①纬条	4 股	11cm，1 根
②经条	2 股	9cm，3 根
③编条	1 股	90cm，2 根
④固定带	1 股	2cm，4 根
⑤提手芯绳	2 股	7cm，2 根
⑥提手卷绳	1 股	30cm，1 根

＊ 3 ～ 5 纸藤裁剪图

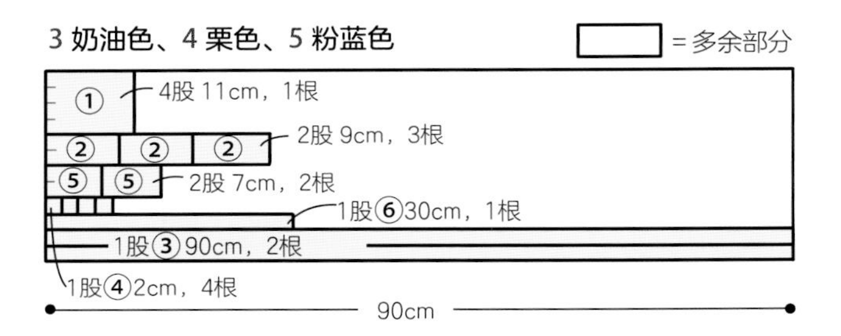

3 奶油色、4 栗色、5 粉蓝色
= 多余部分
① 4股 11cm，1根
② ② ② 2股 9cm，3根
⑤ ⑤ 2股 7cm，2根
1股⑥30cm，1根
1股③90cm，2根
1股④2cm，4根
90cm

＊制作方法　（为方便解说，改变了配色。）

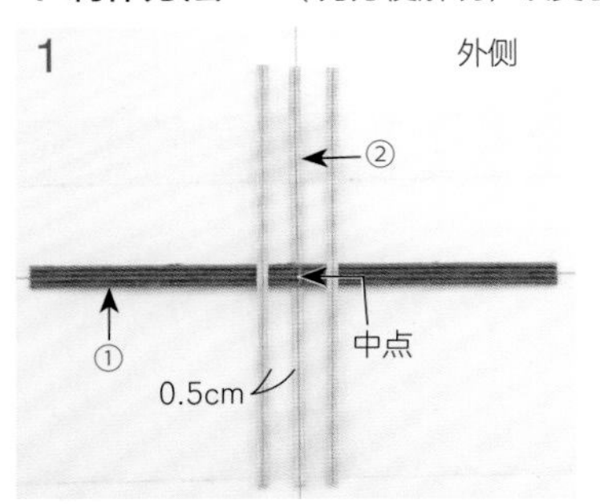

1
外侧
②
①
0.5cm
中点

底座将①纬条和②经条中点涂胶水贴合，接着将左右间隔 0.5cm 贴合②经条。

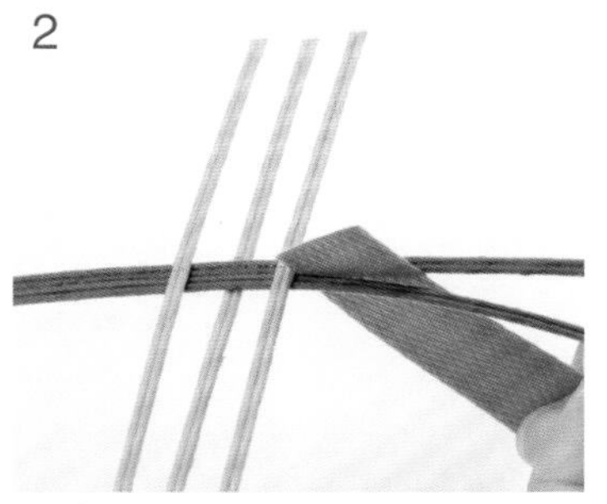

2

将①纬条左右分割成 2 股 1 根。

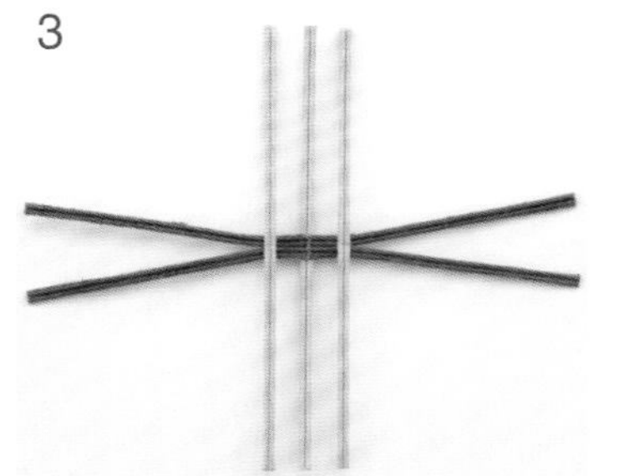

3

分割后的①纬条如图所示。

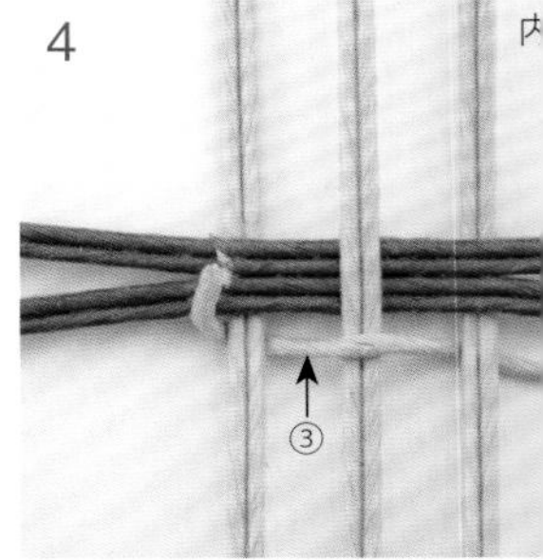

4
③

编织底面。将 3 翻到内侧，
条上涂胶水固定在如图位置，
经条交错编织。

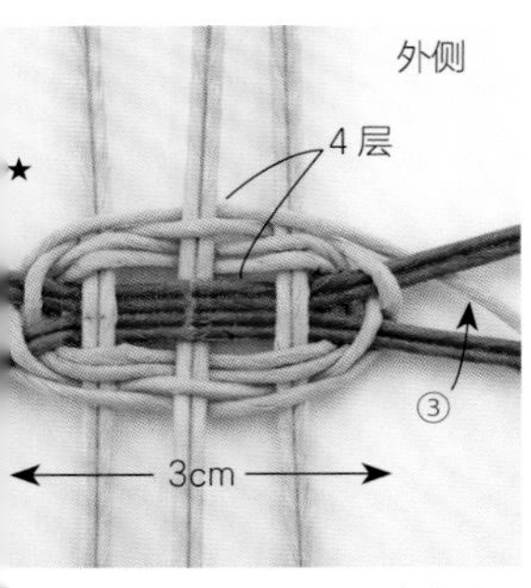
外侧
★
4 层
③
3cm

…行椭圆形底的编织（参考
…如图共编 4 层，左右编条如
…。

6

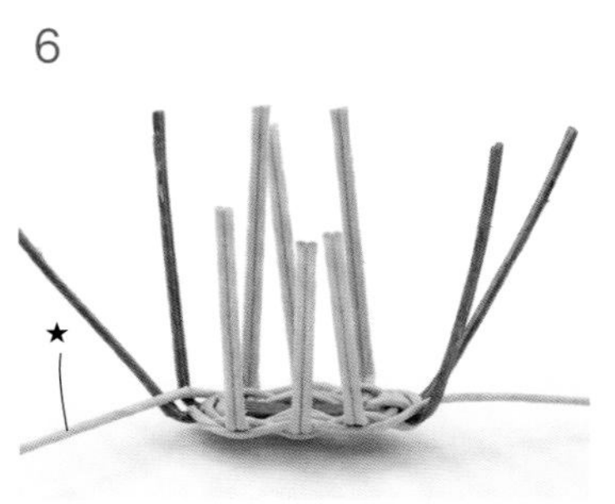
★

翻到 5 的反面，将底部的编条向内弯折，使它立起来。

7

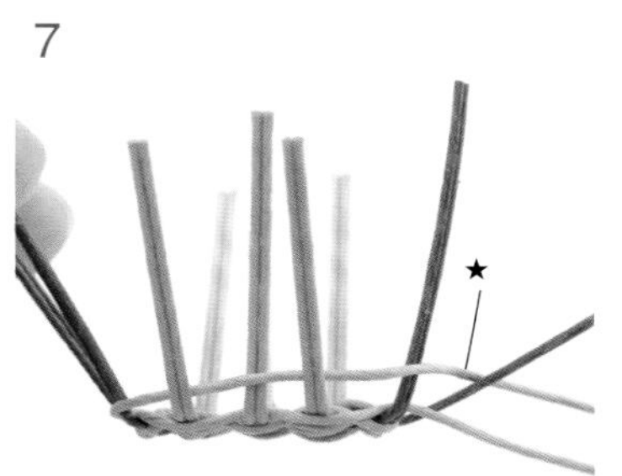
★

编织正面。6 的★侧编条编出半周，处理 2 根编条。

8

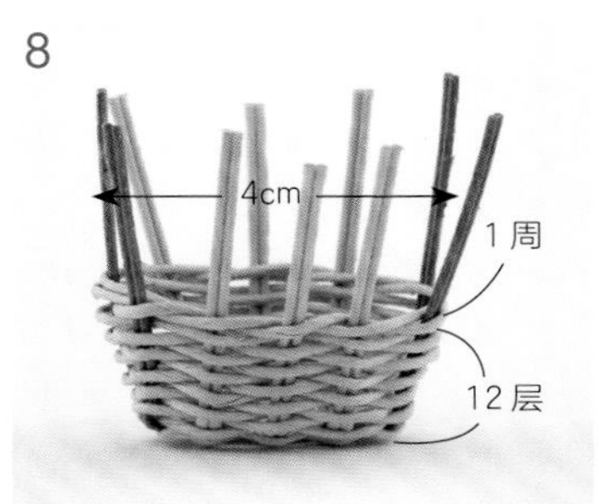
4cm
1 周
12 层

接着，按照与 p.38 的 6、7 相同方法，继续进行交替编织直到完成 12 层，接着用右捻编法（参考 p.34）完成一周。

…39 的 5～7 的方法，将所有
…入内侧，处理边缘。

10

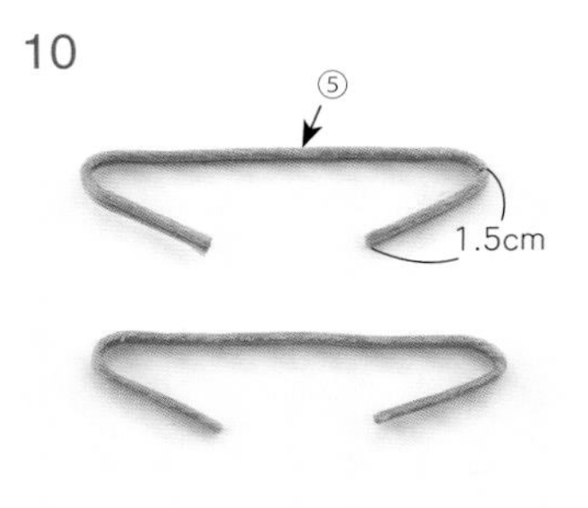
⑤
1.5cm

制作提手。将⑤提手芯绳左右两端内折 1.5cm。

11

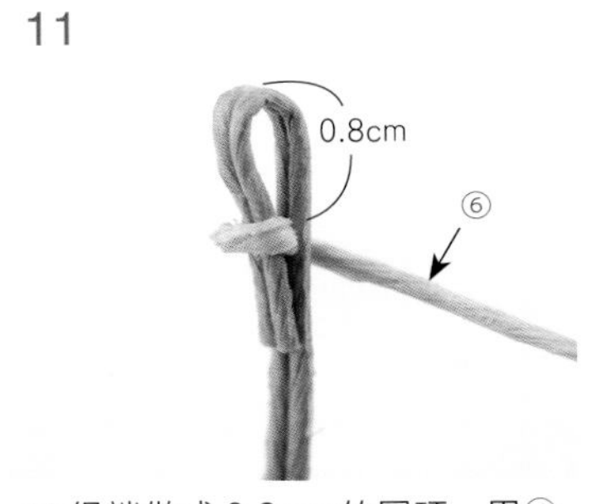
0.8cm
⑥

10 绳端做成 0.8cm 的圆环。用⑥提手卷绳涂胶水缠绕芯绳。

12

0.8cm

缠绕完成后，将卷绳绳端穿过圆环固定，剪去多余卷绳。

…根提手，用喷壶喷水，如图
…状。

14

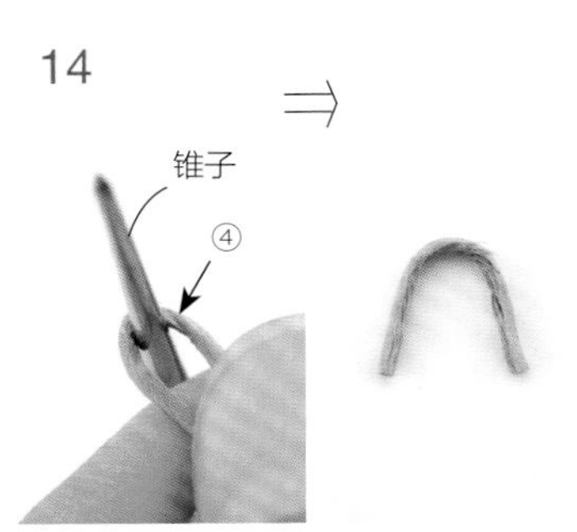
⇒
锥子
④

用 4 根固定带如图绕在锥子上形成 U 字形。

15

侧面中点

在固定带上涂胶水，穿过提手圆环，塞进编条中。

16

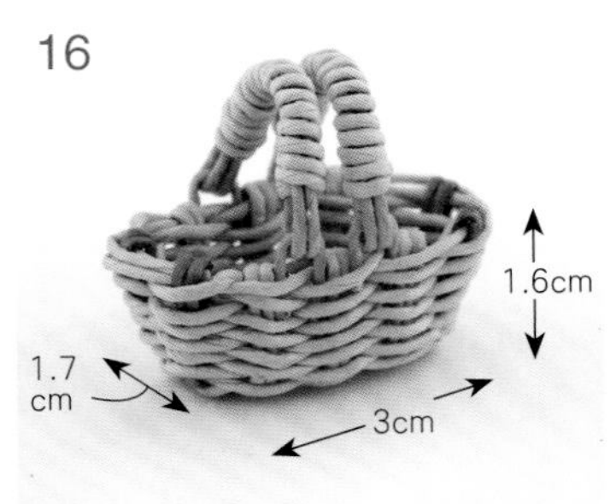
1.6cm
1.7
cm
3cm

将两根提手固定在侧面中间的纵编条中，完成。
尺寸 / 约 1.6cm × 3cm × 1.7cm。

6～8 蔬果篮 ××××××××××××××××××p.8

＊**材料**　Hamanaka 纸藤（5m 卷）
6 米色（1）90cm
7 柿色（21）90cm
8 栗色（14）90cm
＊**工具**　参考 p.32
＊**完成尺寸**　参考图片

＊**编条分割股数**（参考裁剪图）

①纬条	4 股	12cm，1 根
②经条	2 股	11cm，2 根
③经条	2 股	18cm，1 根
④编条	2 股	5cm，4 根
⑤编条	1 股	90cm，2 根
⑥边缘编条	3 股	30cm，1 根
⑦提手卷绳	1 股	40cm，1 根

＊6～8 纸藤裁剪图

6 米色、7 柿色、8 栗色

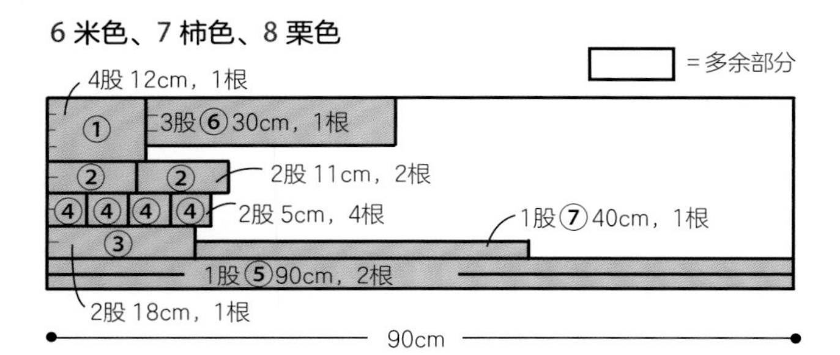

=多余部分
4股 12cm，1根
①
3股⑥30cm，1根
②
2股 11cm，2根
④
2股 5cm，4根
1股⑦40cm，1根
③
1股⑤90cm，2根
2股 18cm，1根
90cm

＊制作方法　（为方便解说，改变了配色。）

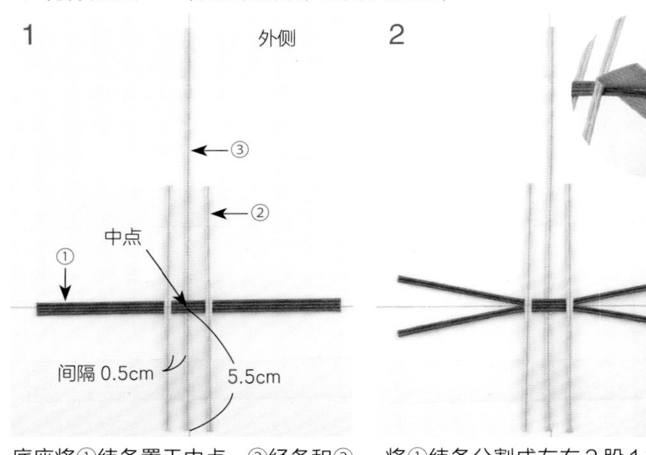

1
外侧
③
②
中点
①
间隔 0.5cm
5.5cm
2

1 底座将①纬条置于中点，②经条和③经条如图所示涂胶水贴合。

2 将①纬条分割成左右 2 股 1 根…割后的纬条如图所示。

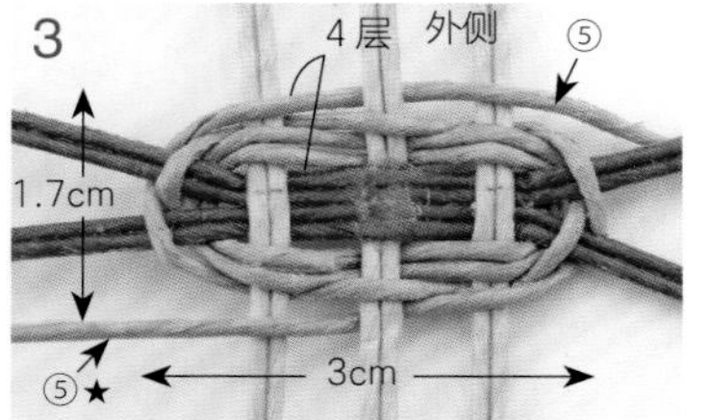

3
4 层
外侧
⑤
1.7cm
⑤★
3cm

3 底部用⑤编条编织椭圆形底（参考 p.36）共计 4 层，编条如图置于两旁。

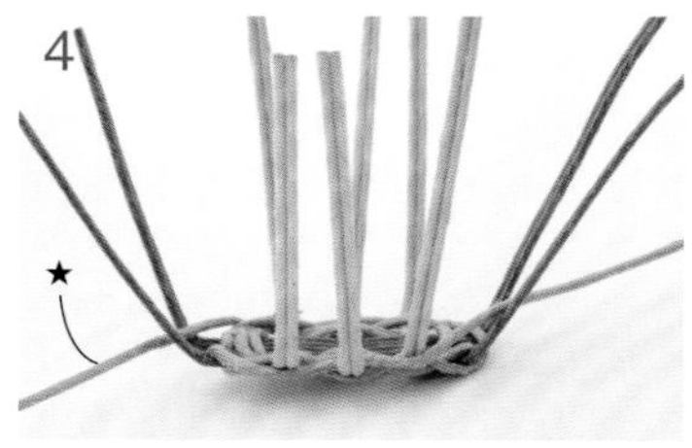

4
★

4 翻到 3 的内侧，将底部编条向内弯折，使它立起来。

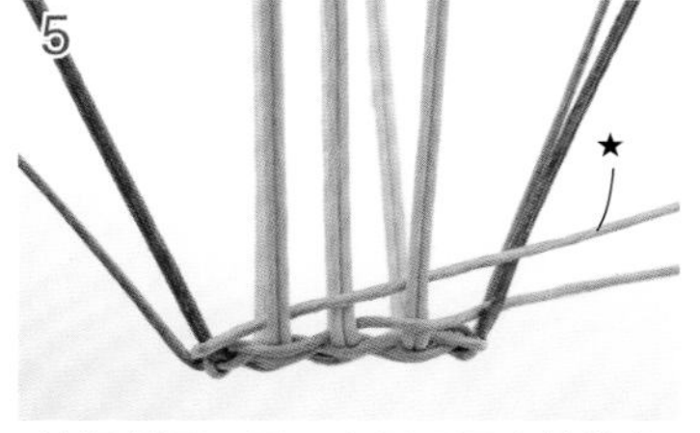

5
★

5 编织侧面，用 3 中置于两旁的编条沿 4 的★处编织半周，处理 2 根编条。

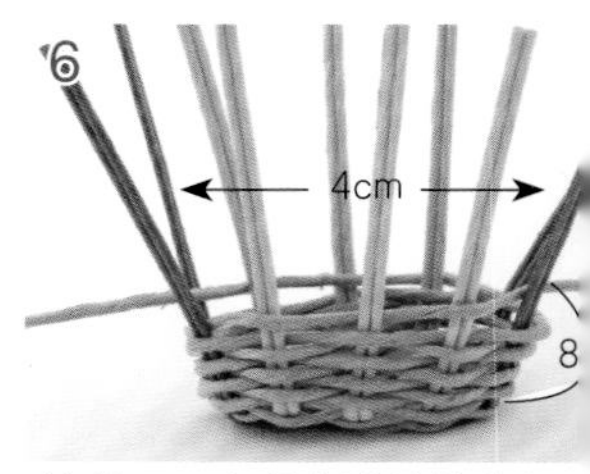

6
4cm

6 接着，用交替编法继续编织，…四周（共计 8 层），编条置于…

④
★

在②经条的内侧加上 4 根④编条，并用胶水固定，如图形成 V 字形，
的纵编条一共 14 根。

8

放开
★

开口处沿前后各 7 根纵编条交错进行返编，到 7 中★处返回，放开编条，继续交替往回编。

9

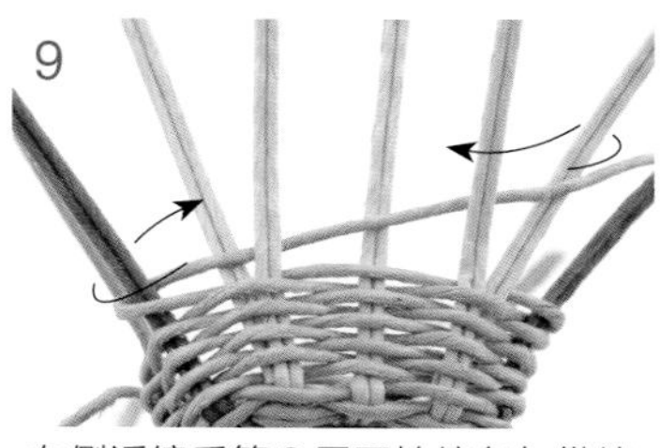

左侧返编后第 2 层开始编条与纵编条相互交错，穿过 6 根纵编条后往回编。

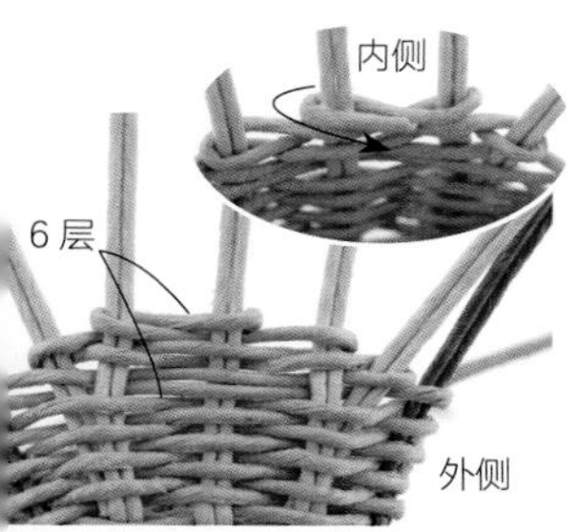
内侧
6 层
外侧

层左右各减少 1 根纵编条进行
直到完成第 6 层，在编条端
侧涂胶水固定。

11

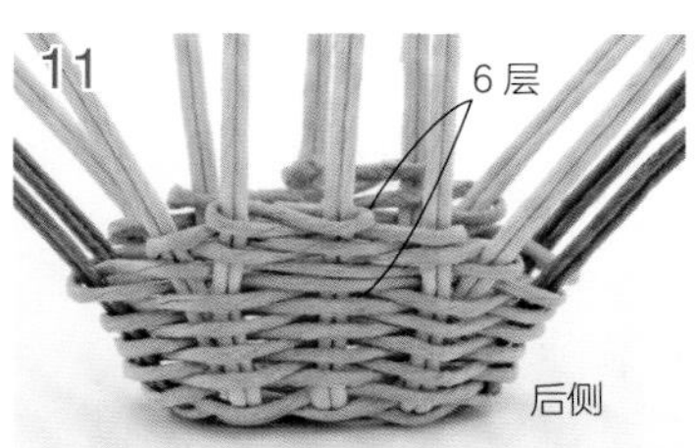
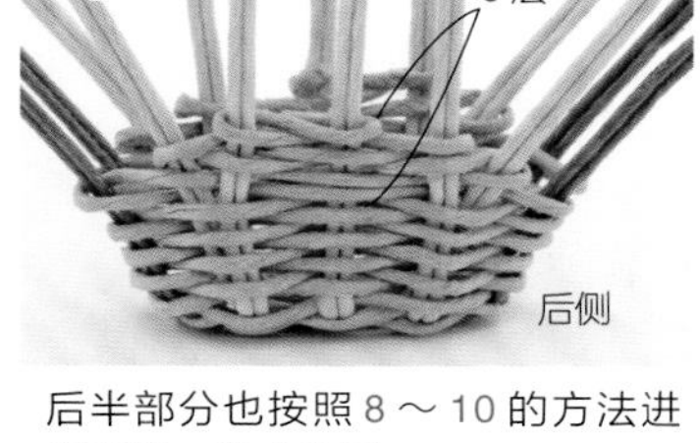
6 层
后侧

后半部分也按照 8 ～ 10 的方法进行返编，完成 6 层。

12

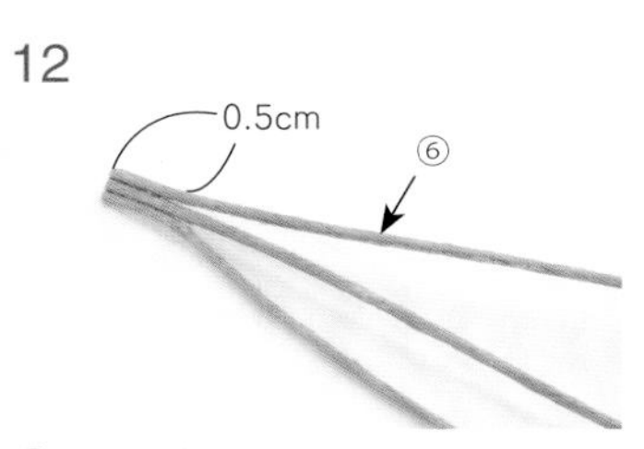
0.5cm
⑥

⑥边缘编条端部预留 0.5cm，其余分割成 1 股 1 根。

13

⑥编条端部按照顺序，与纵编条交错，进行右 3 股绳编（参考 p.35）。

5cm

股绳编完成两周后，处理端部。

15

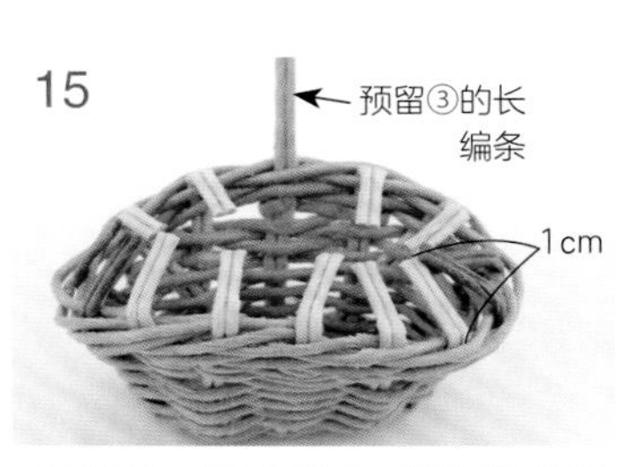
预留③的长
编条
1cm

③预留一根长编条，其余的剪到 1cm 并向内弯折。

16

内侧
斜剪

内折的编条塞到第 2 层下方（参考 p.33），接着，斜剪 13 中的⑥编条端部。

17

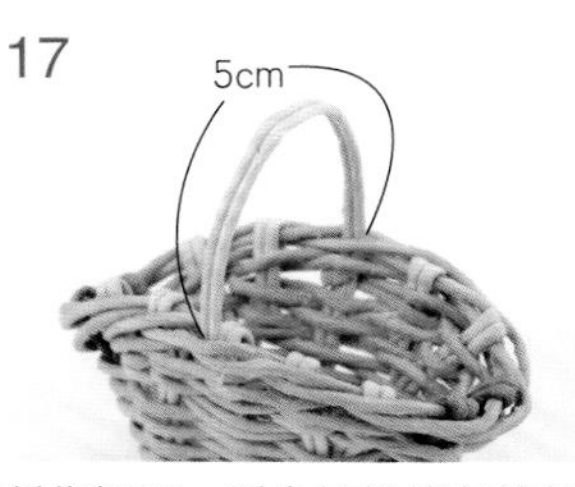
5cm

制作提手。剩余的纵编条端部涂胶水，塞进中间外侧的编条中，制作出弧形。

内侧
⑦
外侧

提手卷绳端部涂胶水，塞进与
一样的编条中，缠绕提手。

19

接着，卷绳缠到对侧，将端部塞进编条固定，剪去多余部分。

20

1.7cm
3cm
1.5cm

作品 6、8 完成。
尺寸 / 约 1.7cm × 3cm × 1.5cm。

＊制作方法

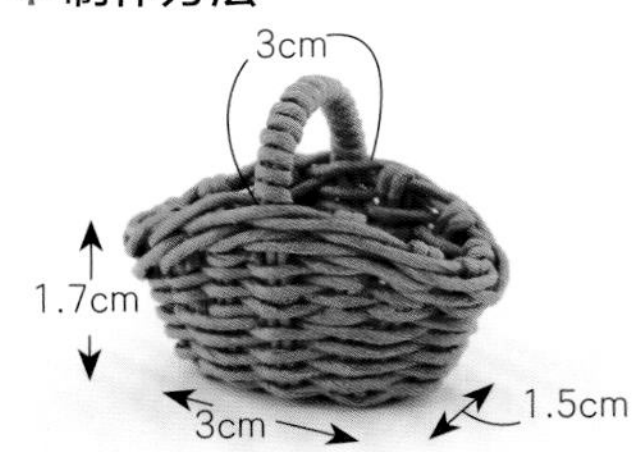
3cm
1.7cm
3cm
1.5cm

作品 7 的提手长度有变化，完成品如图。
尺寸 / 约 1.7cm × 3cm × 1.5cm。

9~11 扇形挂篮

p.10

＊材料 Hamanaka 纸藤（5m 卷）

9 栗色（14）75cm
深棕色（15）125cm

10 淡黄色（13）125cm

11 苔绿色（12）125cm

＊工具 参考 p.32

＊完成尺寸 参考图片

＊ 9 编条分割股数（参考裁剪图）

①纬框条	栗色	/ 3 股	20cm，1 根
②经框条	栗色	/ 3 股	11cm，1 根
③编条	栗色	/ 3 股	5.2cm，2 根
④装饰、提手编条	栗色	/ 1 股	75cm，1 根
⑤装饰绳	栗色	/ 1 股	35cm，1 根
⑥编条	深棕色	/ 1 股	125cm，2 根

＊ 10、11 编条分割股数（参考裁剪图）

①纬框条	3 股	20cm，1 根
②经框条	3 股	11cm，1 根
③编条	3 股	5.2cm，2 根
④装饰、提手编条	1 股	75cm，1 根
⑤装饰绳	1 股	35cm，1 根
⑥编条	1 股	125cm，2 根

＊ 9 ~ 11 纸藤裁剪图

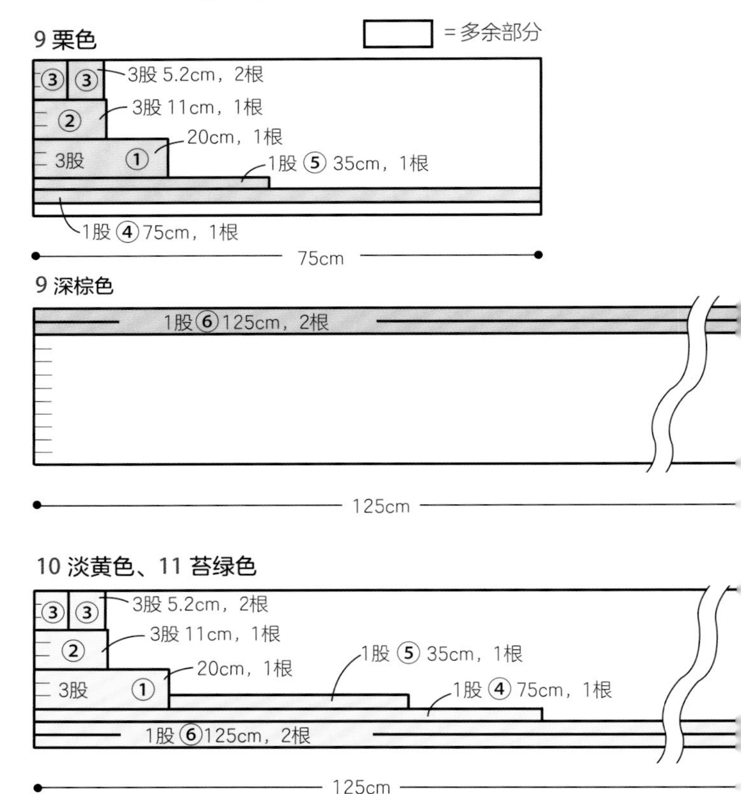

9 栗色
=多余部分
③ ③
3股 5.2cm，2根
②
3股 11cm，1根
3股 ①
20cm，1根
1股 ⑤ 35cm，1根
1股 ④ 75cm，1根
75cm
9 深棕色
1股⑥125cm，2根
125cm
10 淡黄色、11 苔绿色
③ ③
3股 5.2cm，2根
②
3股 11cm，1根
3股 ①
20cm，1根
1股 ⑤ 35cm，1根
1股 ④ 75cm，1根
1股⑥125cm，2根
125cm

＊制作方法 （为方便解说，改变了配色。）

1

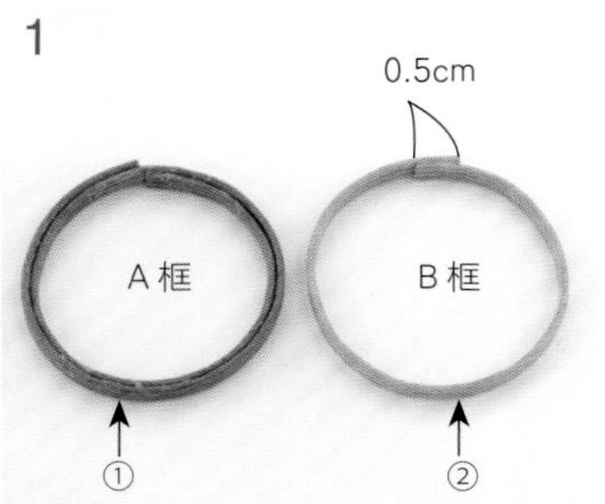

0.5cm
A 框
B 框
①
②

制作骨架，将②经框条接口处重合 0.5cm 贴合成圆框。①纬框条在端部重合贴合成圆框。

2

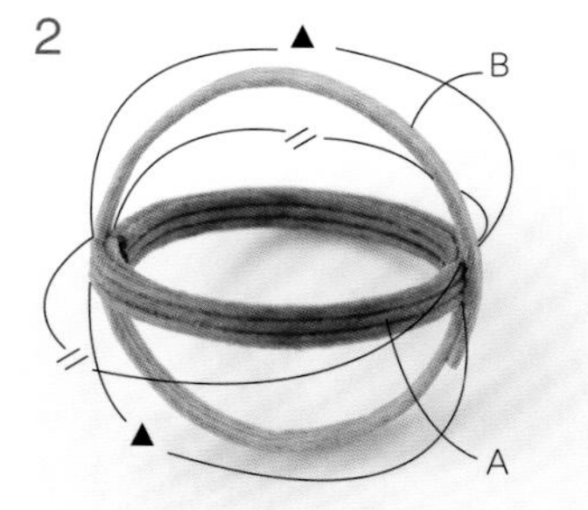

B
A

将 A、B 框在贴合的部分重叠等分组合起来，涂胶水固定。

3

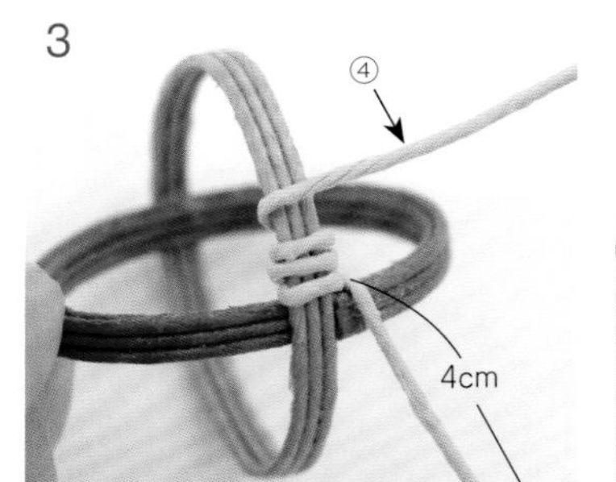

④
4cm

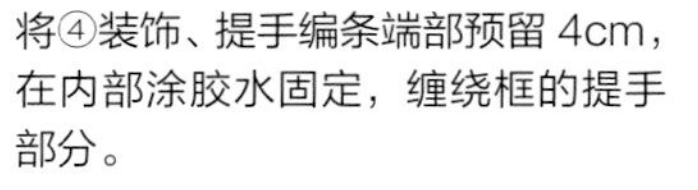

将④装饰、提手编条端部预留 4cm，在内部涂胶水固定，缠绕框的提手部分。

4

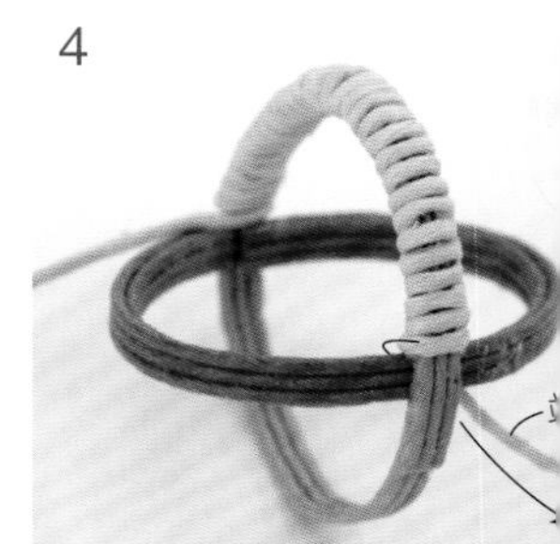

缠绕提手部分，将端部从内侧拉出。

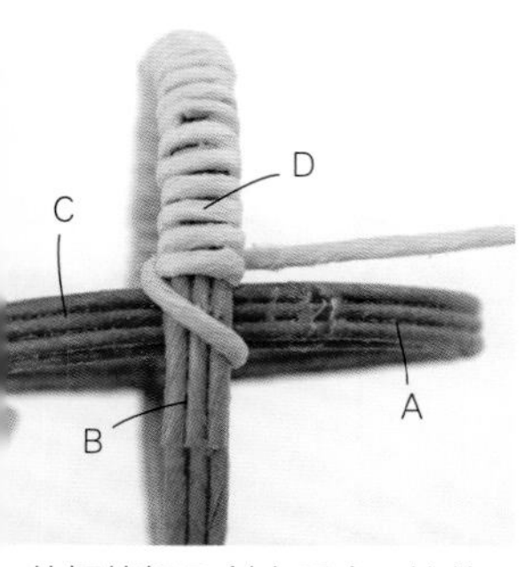
C
D
B
A

从框外朝 B 斜向重合，接着，
F D 内侧 A 的上方拉出。

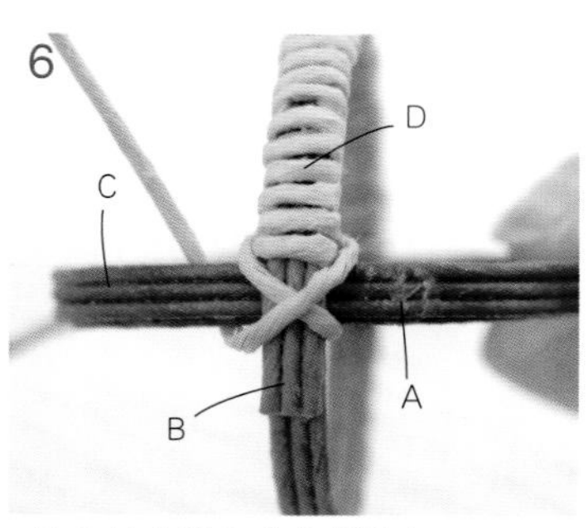
6
C
D
B
A

从 C 的内侧 D 的左侧拉出。

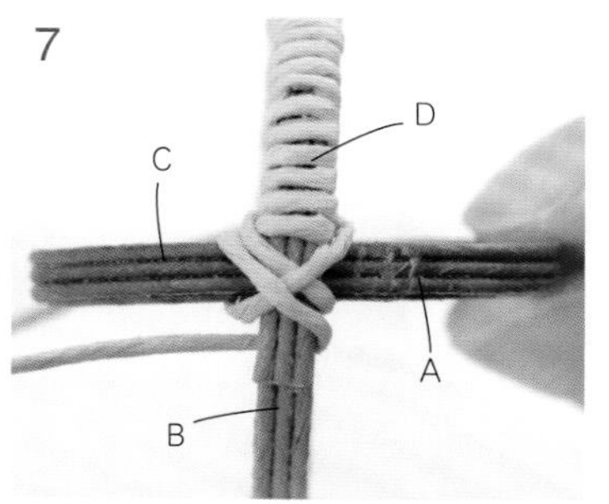
7
C
D
B
A

继续按 6 的十字形编织缠绕。从 C 到 B，再从 B 的内侧左边拉出。

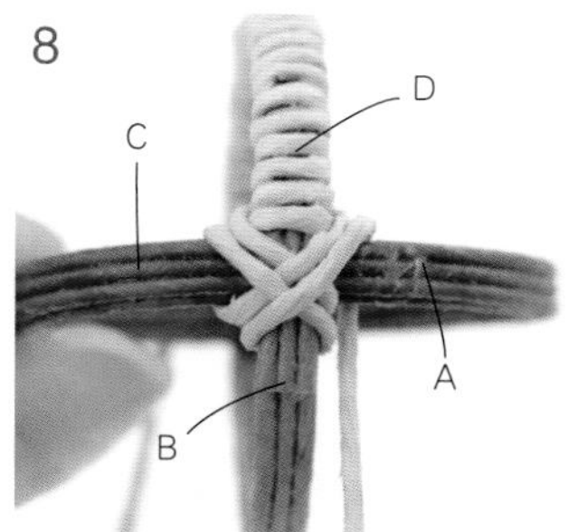
8
C
D
B
A

从 B 到 A，再从 A 的内侧下方拉出。

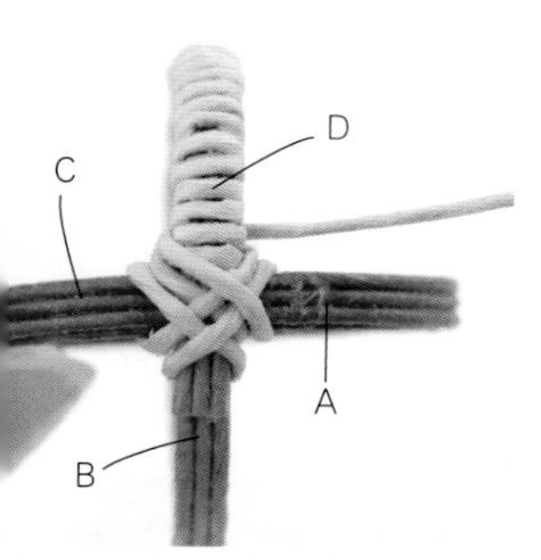
C
D
B
A

刂C，再从 D 的内侧 A 的上方

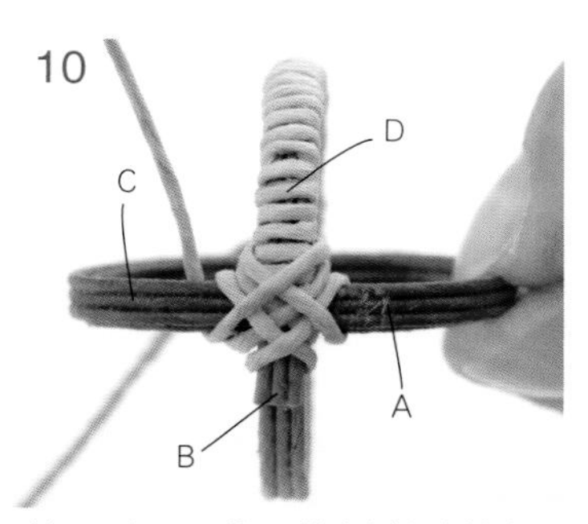
10
C
D
B
A

从 D 到 C，再从 C 的内侧上方拉出。这样完成一个凸出的结。

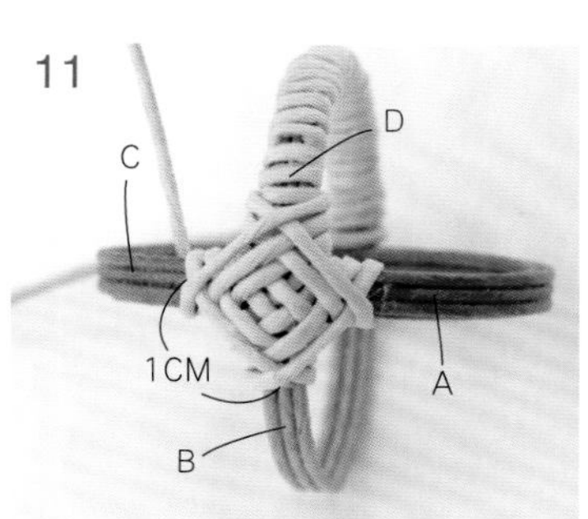
11
C
D
1CM
B
A

重复 7 ～10 的步骤，直到形成约 1cm 的缠结。

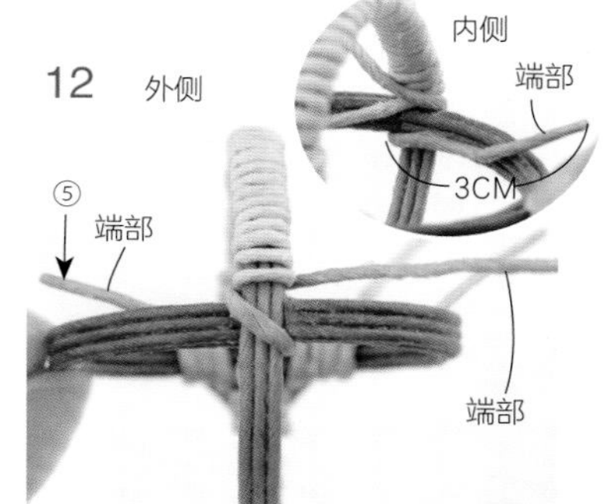
12
外侧
内侧
端部
3CM
⑤
端部
端部

对侧提手的根部用⑤装饰绳缠住，内侧先预留 3cm 固定，与 5 一样斜向穿过。

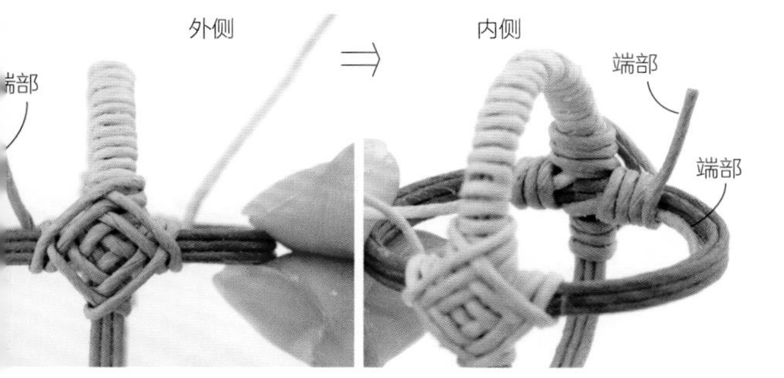
外侧
内侧
端部
端部
端部

按照 6 ～11 的方法做缠结，编织开始时先从框内侧缠绕，结束时将
]定到内侧。剪去多余编条，接着进行侧面编织，沿着框内侧，继续缠
E完全覆盖。

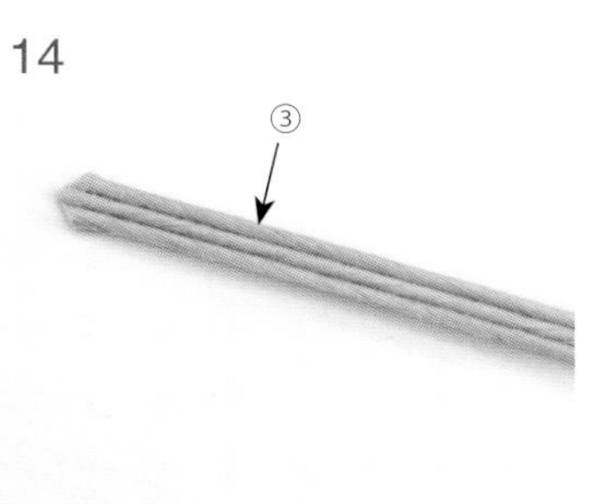
14
③

将③编条的两端，如图修成尖角形。

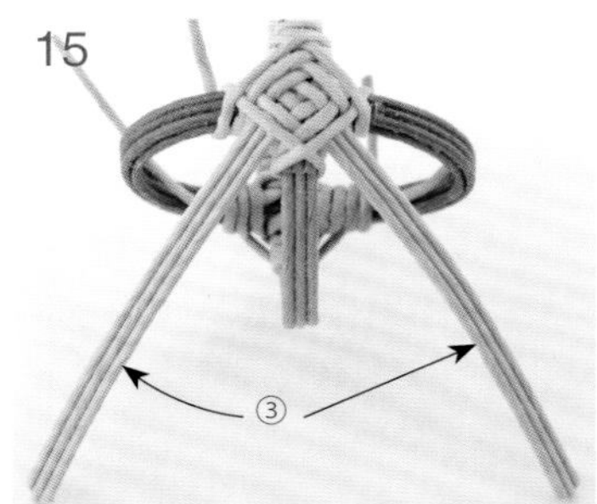
15
③

在③编条的端部涂胶水，塞进中间缠结并固定。

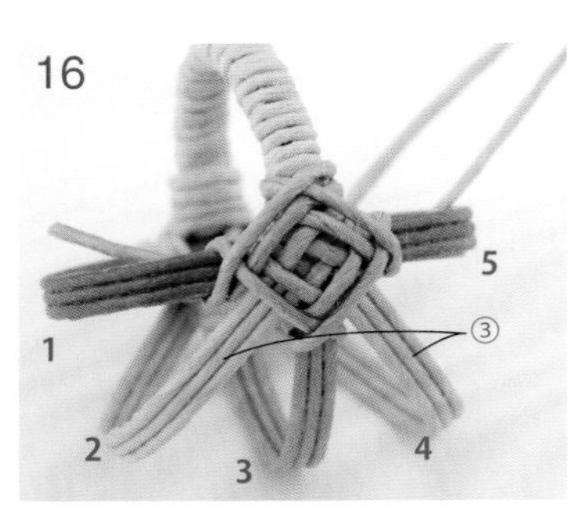
16
5
③
1
2
3
4

③编条对侧也塞进缠结，此时形成 5 根框架。

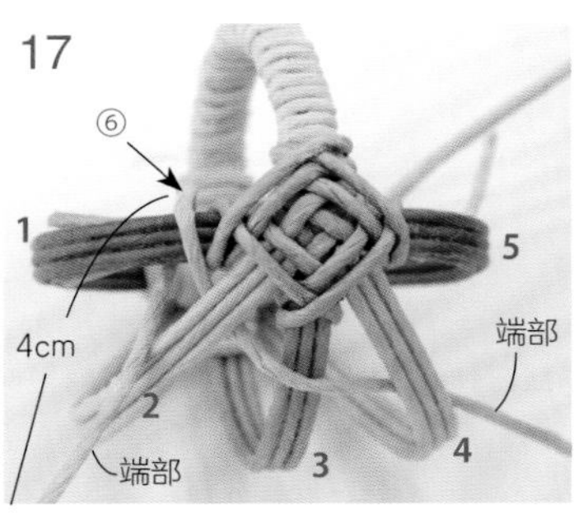
17
⑥
1
5
4cm
端部
2
3
4
端部

从 1 的内侧开始按照 1 ～ 4 的顺序交替编织。⑥编条左侧端部预留 4cm。

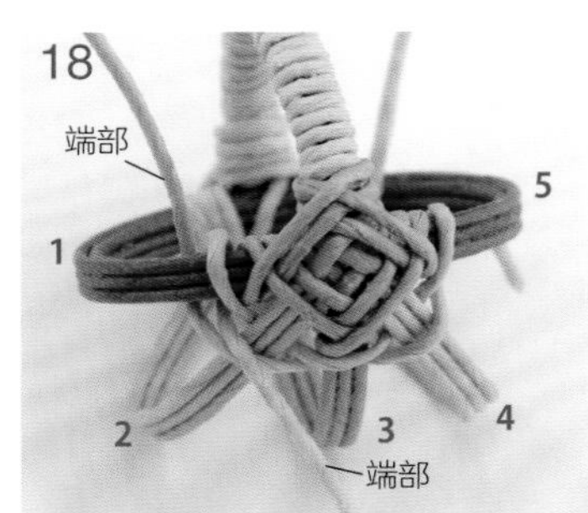
18
端部
5
1
2
3
4
端部

继续，从 5 的外侧缠绕并返编，按照 4 ～ 1 的顺序交替编织，回到开始时的端部上方。

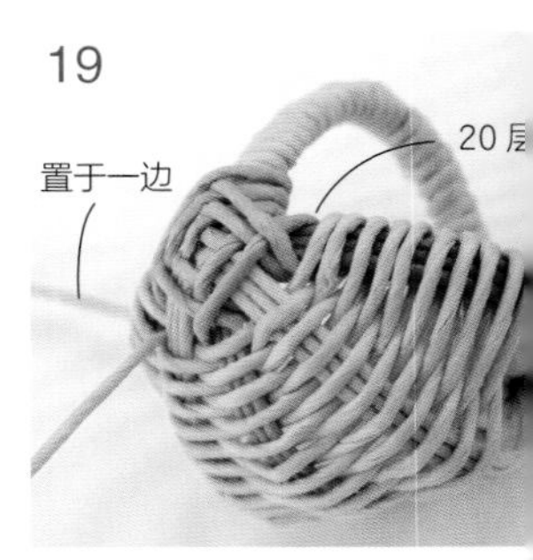
19
置于一边

按照 17、18 的方法沿着框重复
20 层，编条端部置于一边。※
绳的端部被缠绕藏住。

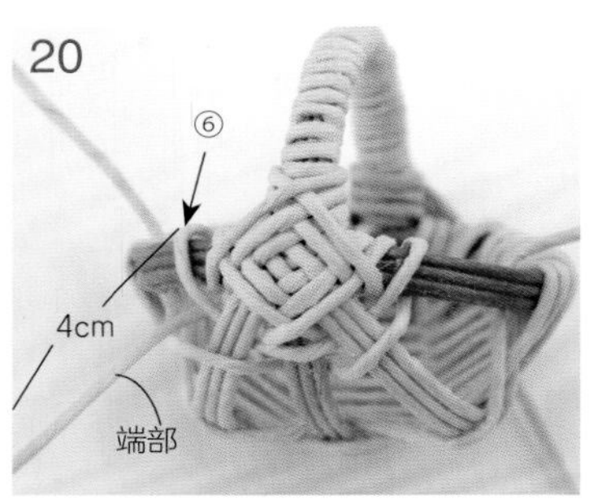
20
⑥
4cm
端部

再取 1 根⑥编条，按照 17 ～ 19 的方法进行对侧的编织。

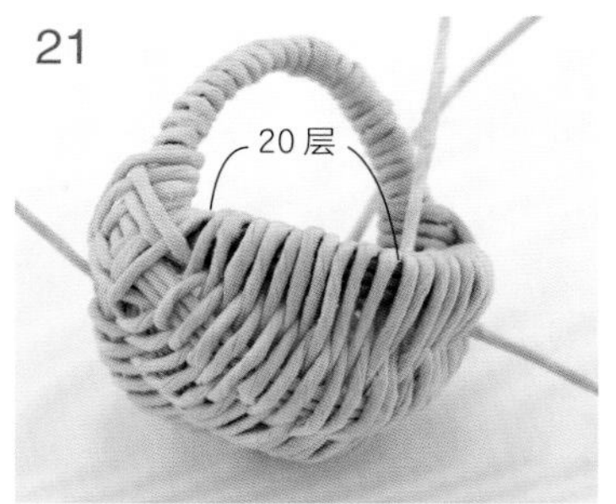
21
20 层

继续，直到编完 20 层，内侧中间与 19 的编织结束时的端部重合。

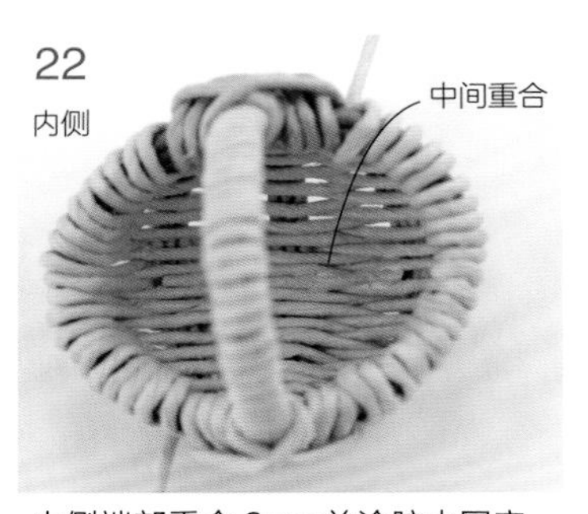
22
内侧
中间重合

内侧端部重合 2cm 并涂胶水固定，剪掉多余部分。

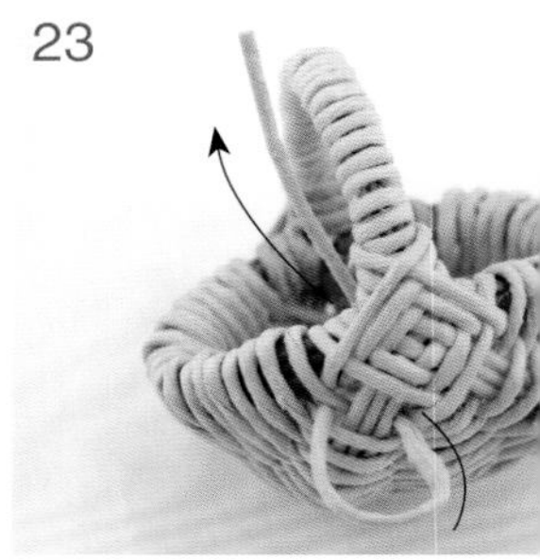
23

将开始时的端部如图所示塞入
根部内侧。

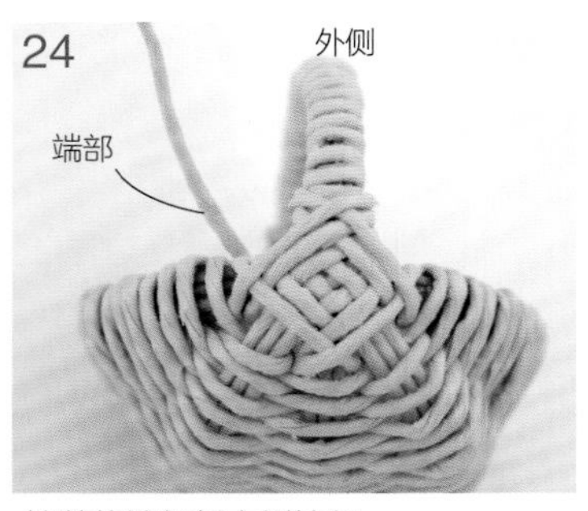
24
外侧
端部

接着将端部朝内侧拉紧。

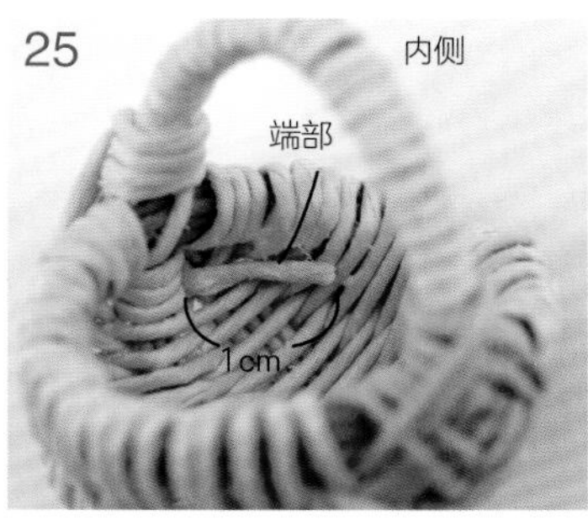
25
内侧
端部
1cm

穿过内侧，预留 1cm 端部，多余部分剪下。

26

用喷壶喷水调整形状，将开口捏成椭圆形。

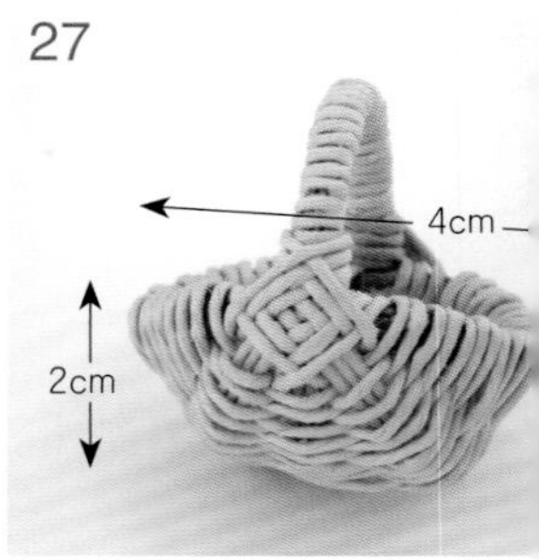
27
4cm
2cm

完成。
尺寸 / 约 2cm × 4cm × 2.5cm

2～14 休闲度假篮 ×××××××××××××××××××p.11

料 Hamanaka 纸藤（5m 卷）
米色（1）50cm
蓝色（22）100cm
炎黄色（13）140cm
栗色（14）140cm
其他
圆环 大（直径 0.6cm）1 个
小（直径 0.4cm）2 个
线（#25 橙色 6 股，30cm 金线 3 股，30cm）
布 0.7cm×25cm，2 片
椭圆形蕾丝（3cm×4cm）
工具 参考 p.32
完成尺寸 参考图片

＊12 编条分割股数（参考裁剪图）

①纬条	米色	/ 4 股	12cm，1 根
②经条	米色	/ 2 股	11cm，3 根
③编条	米色	/ 1 股	50cm，2 根
	蓝色	/ 2 股	100cm，1 根
④编条	蓝色	/ 1 股	30cm，1 根
⑤提手芯绳	米色	/ 1 股	9cm，2 根
⑥提手卷绳	米色	/ 1 股	30cm，2 根

＊13、14 编条分割股数（参考裁剪图）

①纬条	4 股	12cm，1 根
②经条	2 股	11cm，3 根
③编条	1 股	140cm，2 根
④编条	1 股	30cm，1 根
⑤提手芯绳	01 股	9cm，2 根
⑥提手卷绳	1 股	30cm，2 根

12～14 纸藤裁剪图

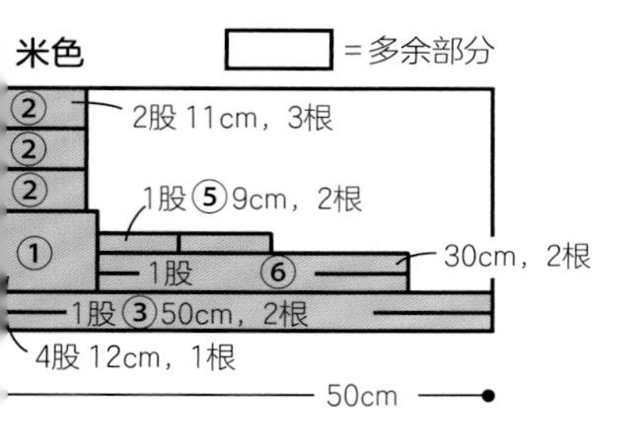
米色
= 多余部分
②②②
2股 11cm，3根
1股⑤9cm，2根
①
1股 ⑥
30cm，2根
1股③50cm，2根
4股 12cm，1根
50cm

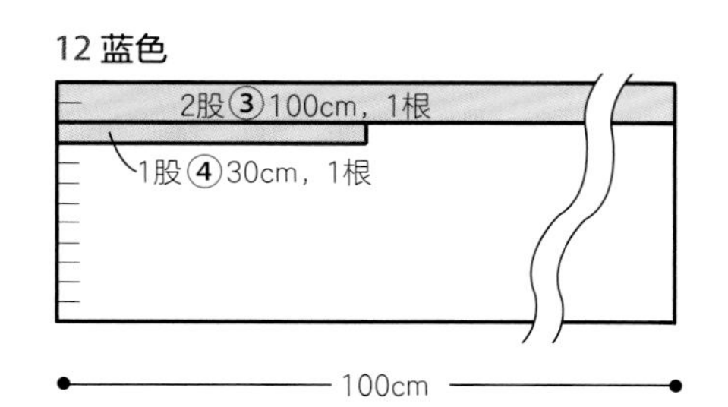
12 蓝色
2股③100cm，1根
1股④30cm，1根
100cm

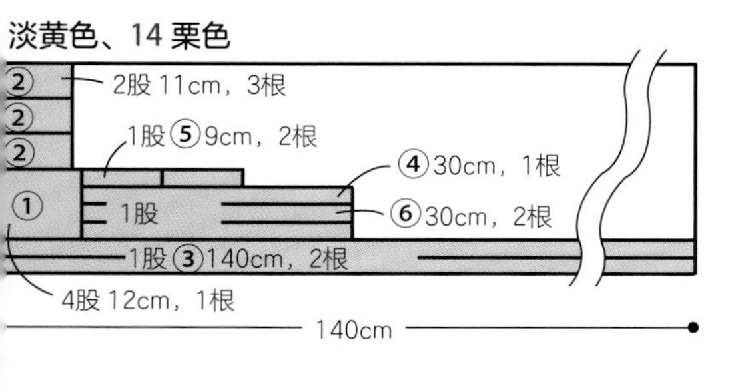
淡黄色、14 栗色
②②②
2股 11cm，3根
1股⑤9cm，2根
④30cm，1根
①
1股
⑥30cm，2根
1股③140cm，2根
4股 12cm，1根
140cm

＊作品 12 的制作方法 （为方便解说，改变了配色。）

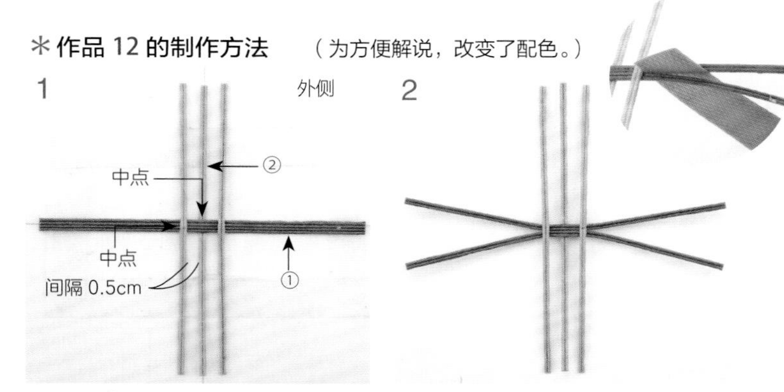
1
外侧
2
中点
②
中点
间隔 0.5cm
①

1 底座将①纬条置于中间，3 根②经条如图放置并涂胶水固定。

2 将①纬条左右 4 股分割成 2 根，每根 2 股，如图分割。

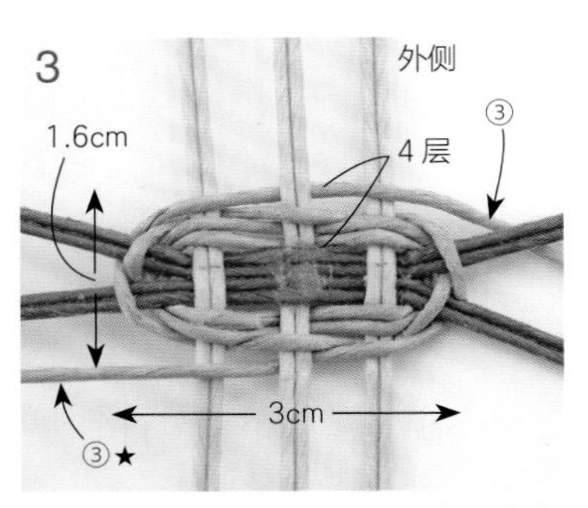
3
外侧
③
1.6cm
4 层
3cm
③★

编织底部，用 2 根③编条（米色）进行椭圆形底编织（参考 p.36），编完后编条如图放置。

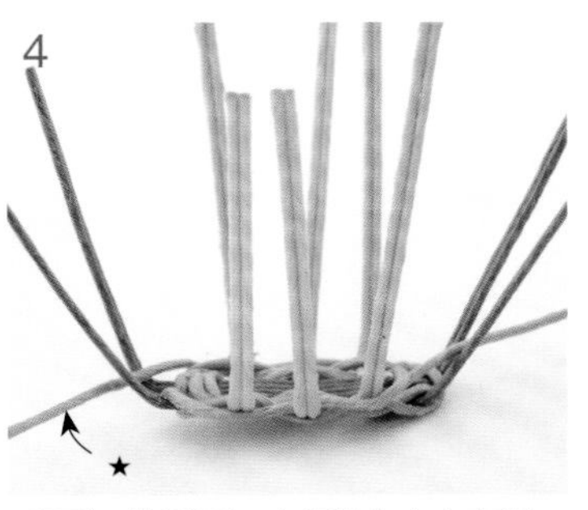
4
★

翻到 3 的反面，底部编条向上弯折，使它立起来。

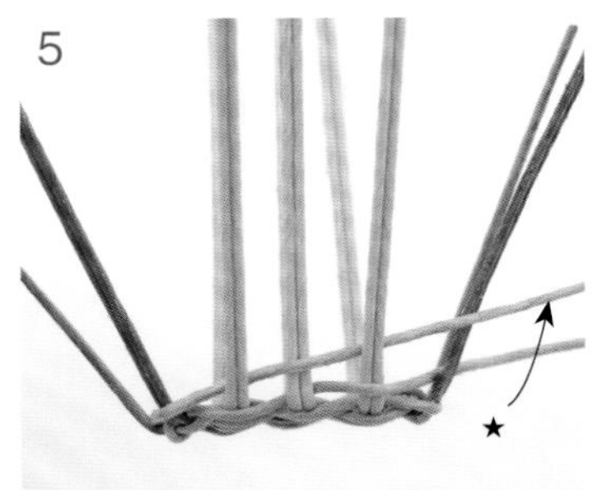
5
★

编织侧面，到 4 的★处编完半周，整理 2 根编条。

6

接着进行左捻编法（参考 p.3
织 2 周，处理端部。

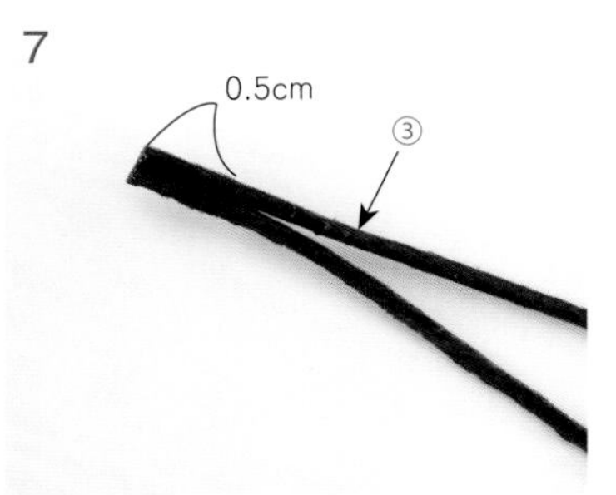
7
0.5cm
③

将③编条（蓝色）端部预留 0.5cm，再分割成 1 股 1 根。

8
③

将③编条预留的部分挂在纵编条上，进行左捻编法（参考 p.34）。

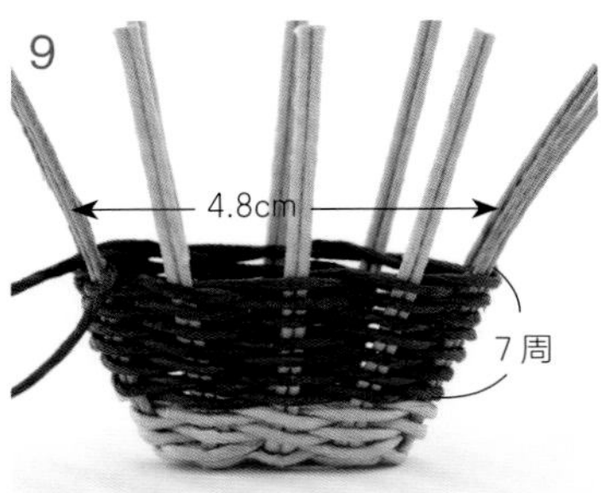
9
4.8cm
7 周

按左捻编法进行 7 周编织，每周越来越宽，最后将编条置于一旁。

10
④

将④编条端部固定在纵编条
再加上 9 中的 2 根共计 3 根
进行左 3 股绳编（参考 p.35

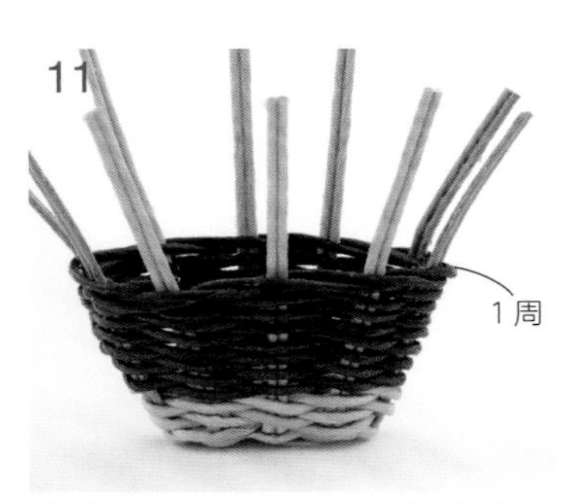
11
1 周

完成左 3 股绳编 1 周后，处理端部。

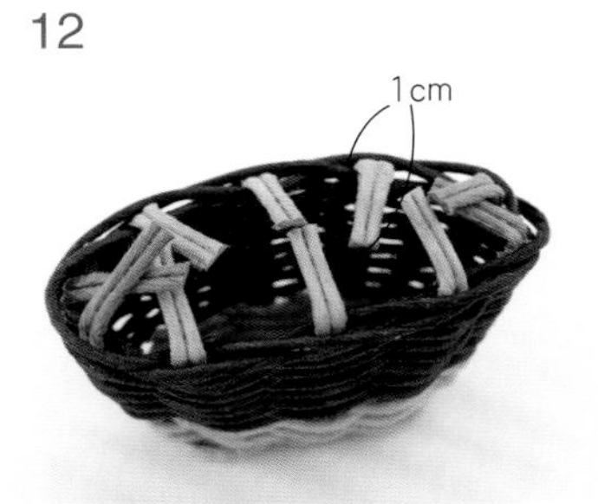
12
1cm

剩余的纵编条预留 1cm 后剪去多余部分，如图向内弯折。

13
提手位置

内折的端部塞进第 2 层的编条中（参考 p.33）。

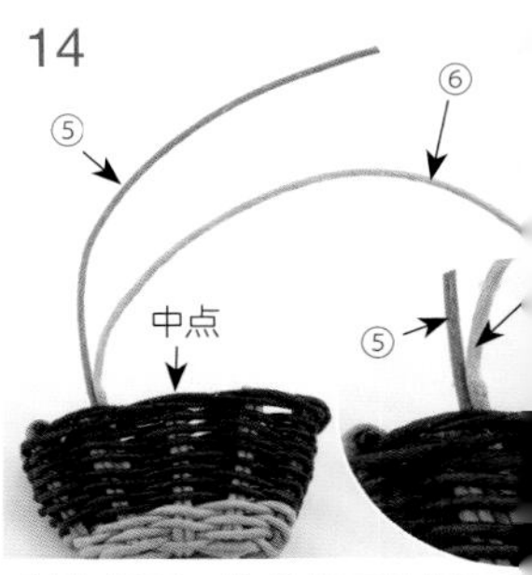
14
⑤
⑥
中点
⑤

制作提手。将⑤提手芯绳和
卷绳端部涂胶水，塞进固定
位置 1cm。

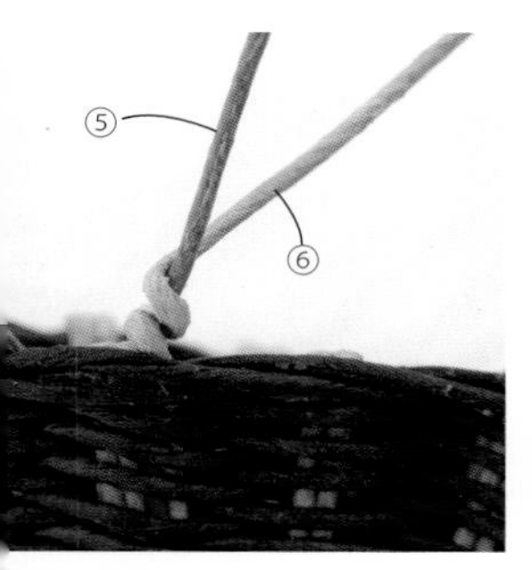
⑤
⑥

提手卷绳缠到⑤提手芯绳上。

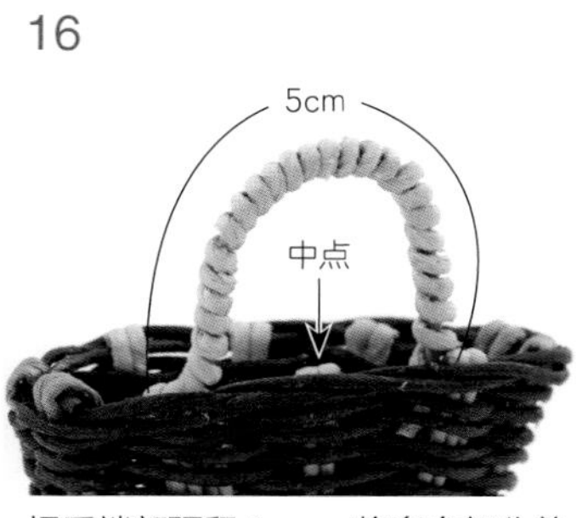
16
5cm
中点

提手端部预留 1cm，将多余部分剪掉，塞到对侧位置。

17

按照 14 ～ 16 的方法制作另一个提手。

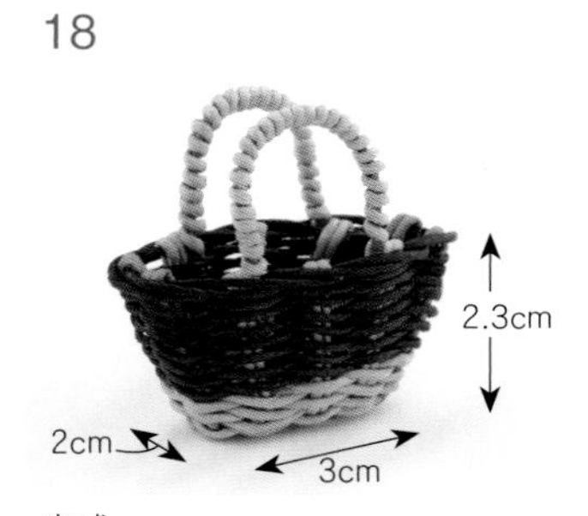
18
2.3cm
2cm
3cm

完成。
尺寸 / 约 2.3cm x 3cm x 2cm。

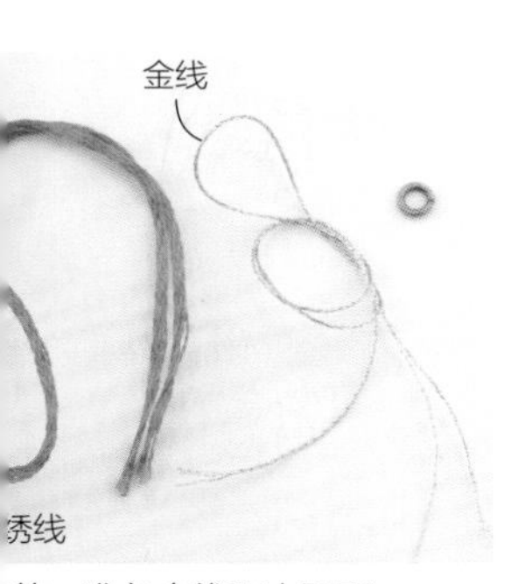
金线
绣线

苏，准备金线和小圆环。

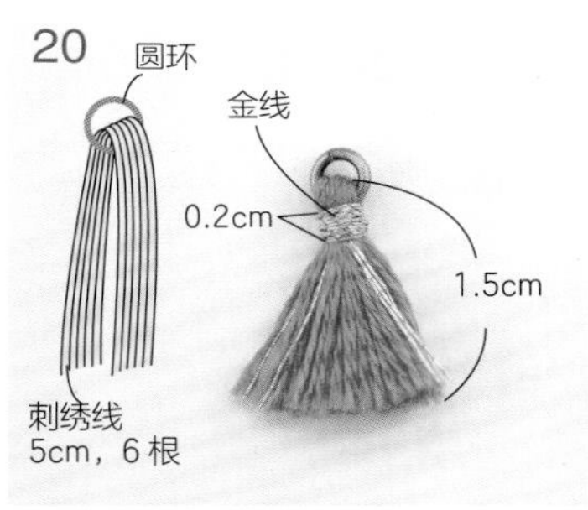
20
圆环
金线
0.2cm
1.5cm
刺绣线
5cm，6 根

将 6 根 5cm 刺绣线穿过圆环并对折，根部用金线捆紧并缠绕，最后留出 1.5cm 流苏，剪下多余部分。

21
大
小

将 20 的小圆环固定到大圆环上，作为提手的装饰。

品 13 的制作方法

⇒
0.5cm
1 周
9 周
③

相同，侧面用③编条编织 9 周。提手用布头缠绕，两头布端留出
。

＊作品 14 的制作方法

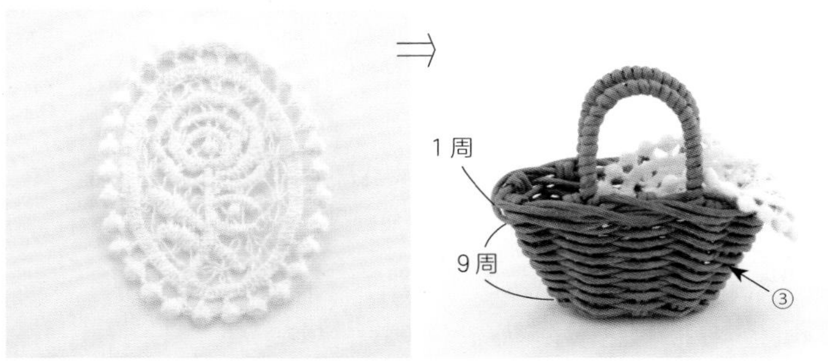
⇒
1 周
9 周
③

1 ～ 18 相同，侧面用③编条编织 9 周。用椭圆形蕾丝装饰。

15～19 广口提篮 ×××××××××××××××××××× p.12

＊**材料**　Hamanaka 纸藤（5m 卷）
15 淡黄色（13）80cm、柿色（21）80cm
16 粉红色（16）80cm、暗红色（26）80cm
17 栗色（14）200cm
18 深棕色（15）80cm、米色（1）80 cm
19 米色（1）80cm、深棕色（15）80cm
＊**工具**　参考 p.32
＊**完成尺寸**　参考图片

＊**17 编条分割股数**（参考裁剪图）

①纬条	2 股	14cm，3 根
②纬条	2 股	2.4cm，4 根
③经条	2 股	14cm，4 根
④编条	2 股	1.6cm，2 根
⑤编条	2 股	200cm，1 根
⑧边缘编条	1 股	30cm，1 根
⑨提手芯绳	2 股	9cm，1 根
⑩卷绳	1 股	50cm，1 根

※ 作品 **17** 不需要⑥、⑦编绳。

＊ **15、16、18、19 编条分割股数**（参考裁剪图）

①纬条	15 淡黄色	16 粉红色	18 深棕色	19 米色	/ 2 股	14cm，3 根
②纬条	15 淡黄色	16 粉红色	18 深棕色	19 米色	/ 2 股	2.4cm，4 根
③经条	15 淡黄色	16 粉红色	18 深棕色	19 米色	/ 2 股	14cm，4 根
④编条	15 淡黄色	16 粉红色	18 深棕色	19 米色	/ 2 股	1.6cm，2 根
⑤编条	15 淡黄色	16 粉红色	18 深棕色	19 米色	/ 2 股	45cm，1 根
⑥编条	15 柿色	16 暗红色	18 米色	19 深棕色	/ 2 股	80cm，1 根
⑦编条	15 淡黄色	16 粉红色	18 深棕色	19 米色	/ 2 股	80cm，1 根
⑧边缘编条	15 柿色	16 暗红色	18 米色	19 深棕色	/ 1 股	30cm，1 根
⑨提手芯绳	15 柿色	16 暗红色	18 米色	19 深棕色	/ 2 股	9cm，1 根
⑩卷绳	15 柿色	16 暗红色	18 米色	19 深棕色	/ 1 股	50cm，1 根

＊ 15 ～ 19 纸藤裁剪图

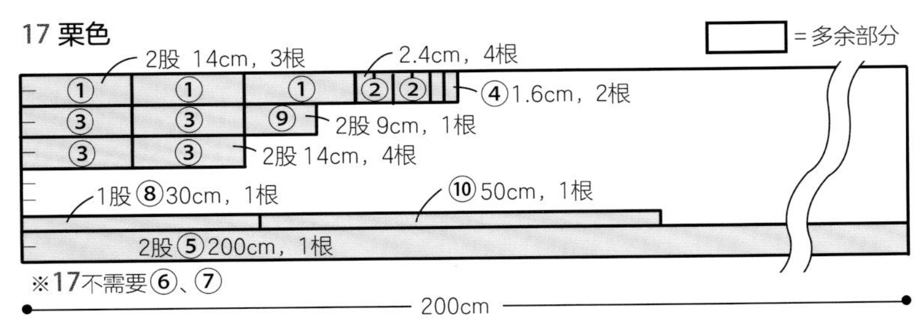

17 栗色
=多余部分
2股 14cm，3根
2.4cm，4根
④1.6cm，2根
2股 9cm，1根
2股 14cm，4根
1股 ⑧30cm，1根
⑩50cm，1根
2股 ⑤200cm，1根
※17不需要⑥、⑦
200cm

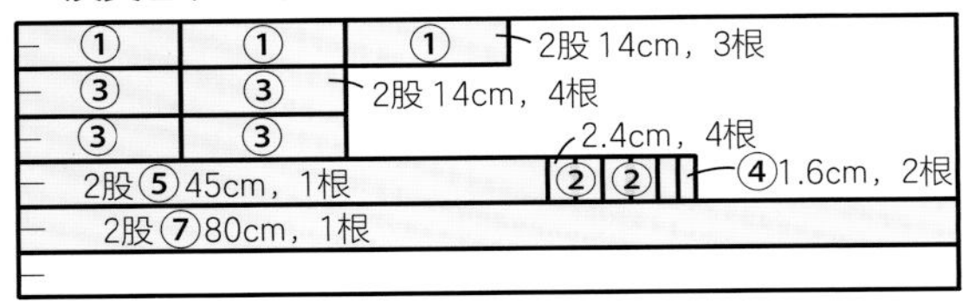

15 淡黄色、16 粉红色、18 深棕色、19 米色
2股 14cm，3根
2股 14cm，4根
2.4cm，4根
2股 ⑤45cm，1根
④1.6cm，2根
2股 ⑦80cm，1根
80cm

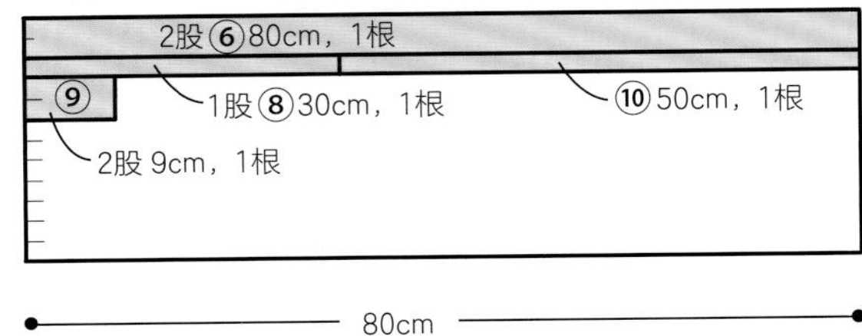

15 柿色、16 暗红色、18 米色、19 深棕色
2股 ⑥80cm，1根
1股 ⑧30cm，1根
⑩50cm，1根
2股 9cm，1根
80cm

方法　（为便于解说，改变了配色。）

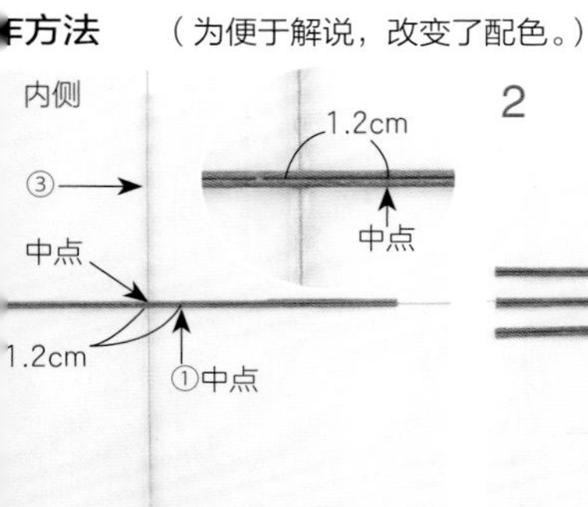
内侧
③
1.2cm
中点
中点
1.2cm
①中点

底座，将③经条置于中间，在
正中间 1.2cm 的位置贴合①

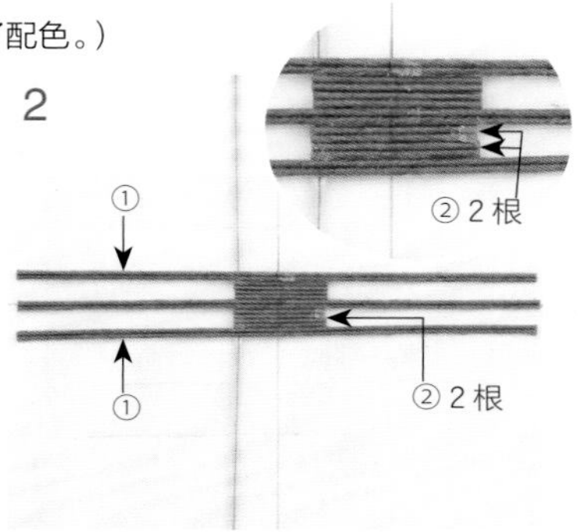
2
①
②2 根
①
②2 根

在 1 的上下各塞进 2 根②纬条，与③经条重叠贴合，接着如图贴紧。

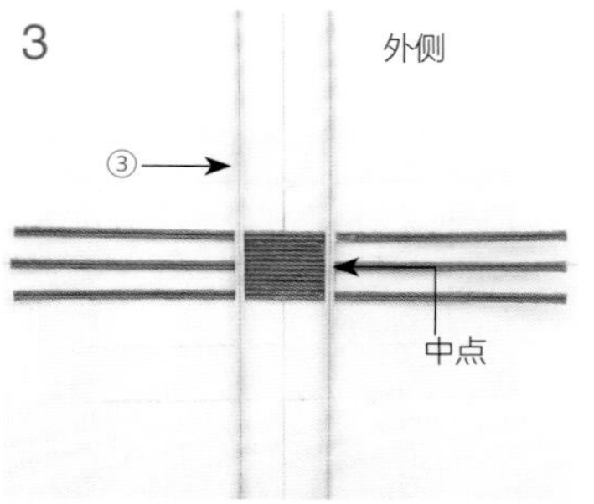
3
外侧
③
中点

将 2 翻面，③经条与中间②纬条两端重合，涂胶水贴合。

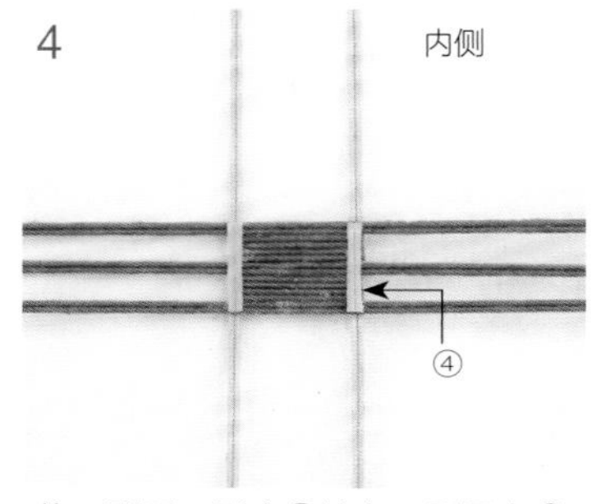
4
内侧
④

将 3 翻面，固定④编条，重叠在②纬条的两端，并贴合。

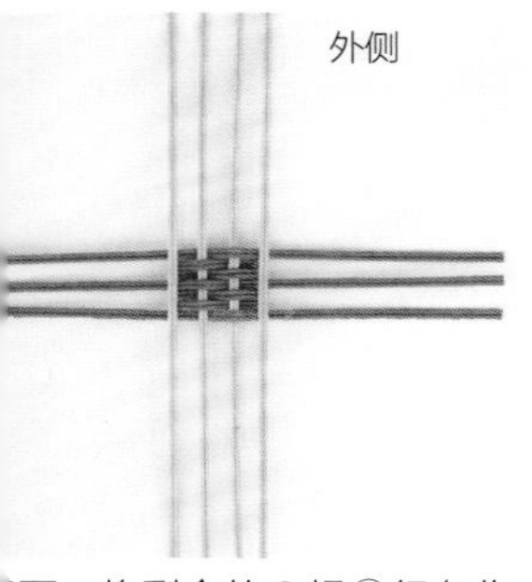
外侧

面，将剩余的 2 根③经条作
，相互交错等间隔放置，整
的经条和端部。

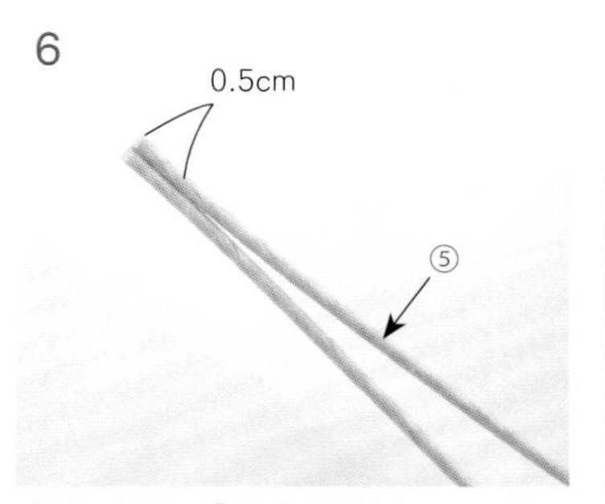
6
0.5cm
⑤

编织底面。⑤编条预留 0.5cm 后，剩余部分分割成 1 股 1 根。

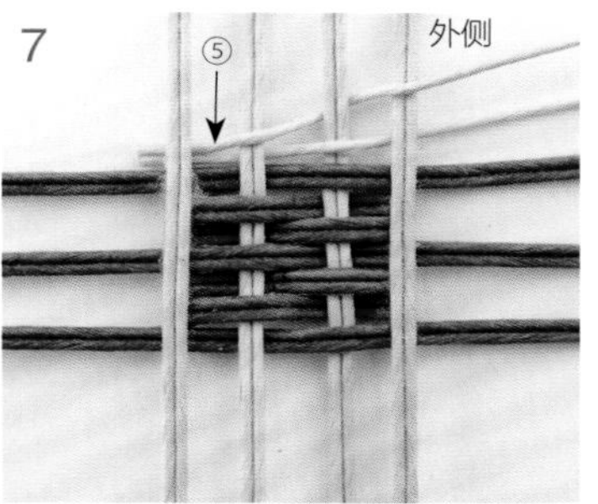
7
⑤
外侧

用⑤编条进行交替编织（参考 p.33）。

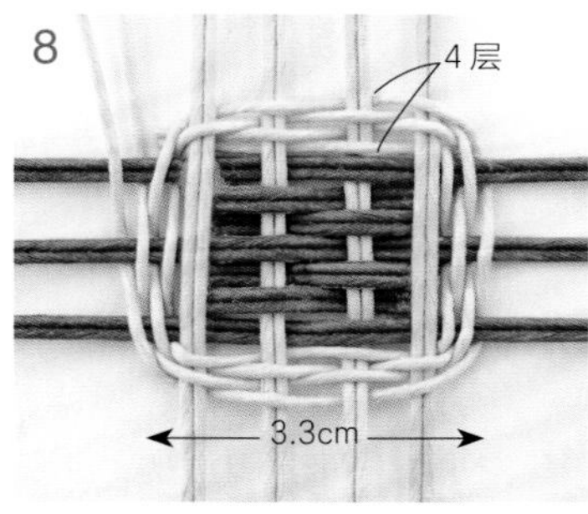
8
4 层
3.3cm

继续进行 2 周交替编织（共 4 层），端部置于一旁。

面，底部的编条向内弯折，
起来。

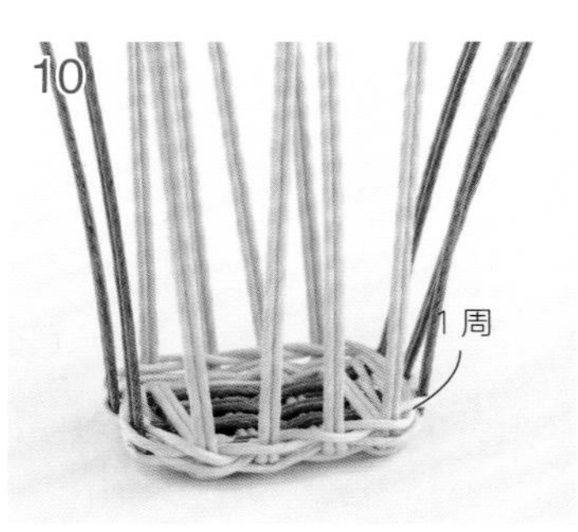
10
1 周

编织侧面，用 8 中的编条进行左捻编法（参考 p.34）垂直编织 1 周，处理端部。

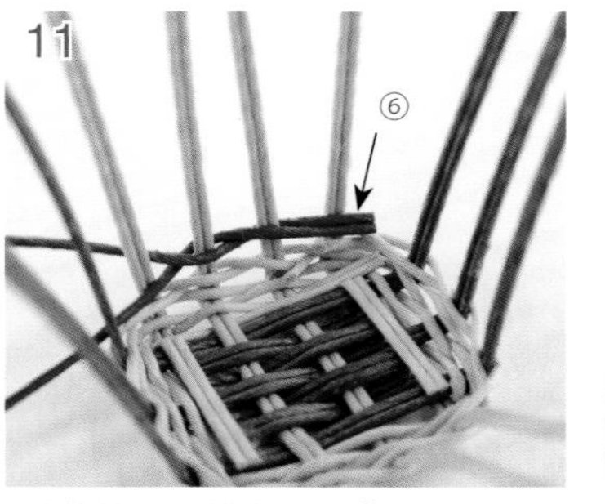
11
⑥

继续按照 6 的方法将⑥编条分割，穿过纵编条进行左捻编法编织。

12
6 周

左捻垂直编完 6 周后处理端部。

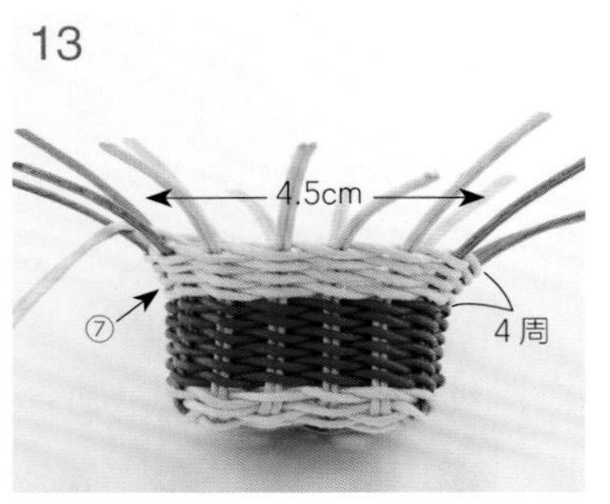
13
4.5cm
⑦
4 周

接着，按照 6 的方法将⑦编条分割，按照 11 的方法进行左捻编织，越往上篮口越广，这样编织 4 周。

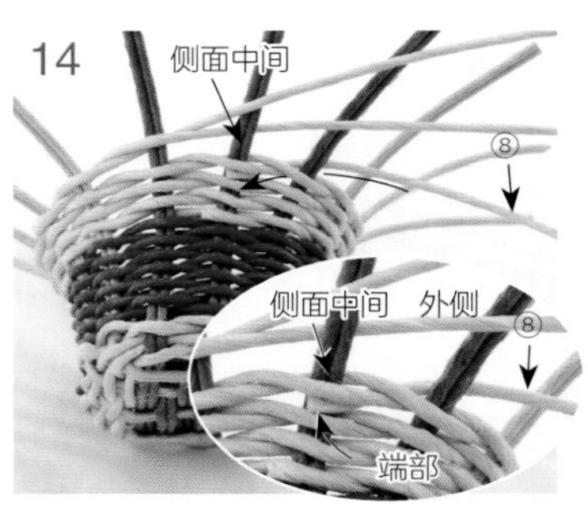
14
侧面中间
⑧
侧面中间 外侧
⑧
端部

接着，在⑧边缘编条端部涂胶水，塞进内侧第 4 层下方，拉到侧面中间的纵编条外侧，形成 3 根编条。

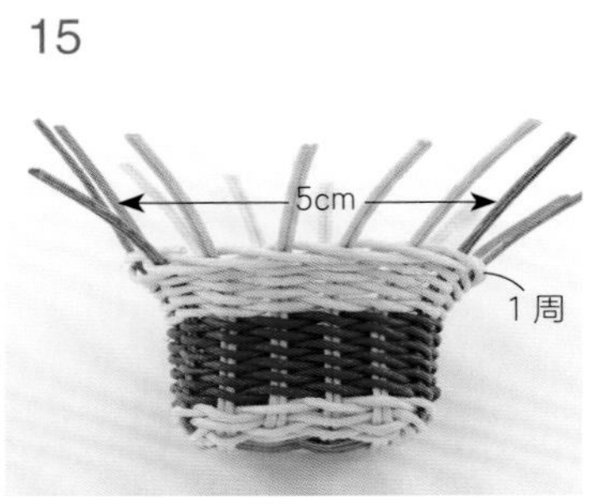
15
5cm
1 周

接着进行左 3 股编绳法（参考 p.35），编织 1 周后处理端部。

16

纵编条留出 1.2cm，多余部分
然后向内折。

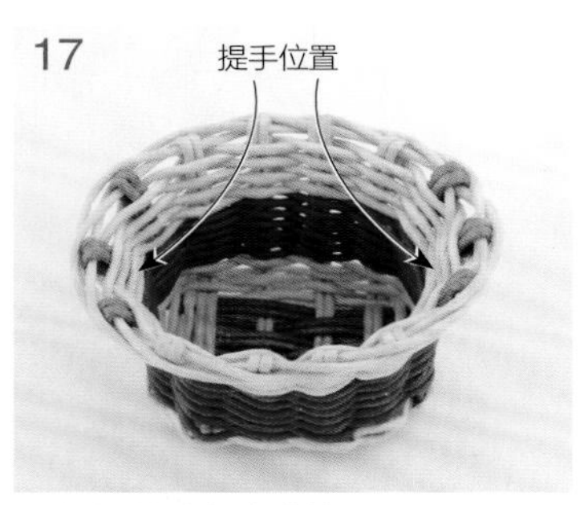
17
提手位置

内折的纵编条塞进第 2 层编条下方（参考 p.33）。

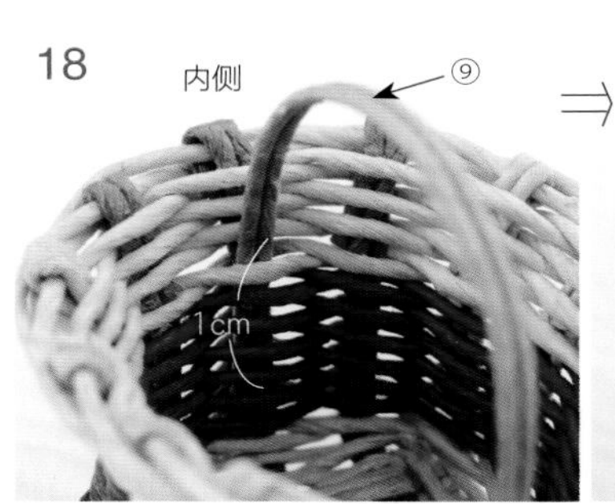
18
内侧
⑨
1cm
⇒
7cm

装上提手。在⑨提手芯绳距离两端 1cm 的位置做记号，塞进提手的位置固定，提手弧长为 7cm。

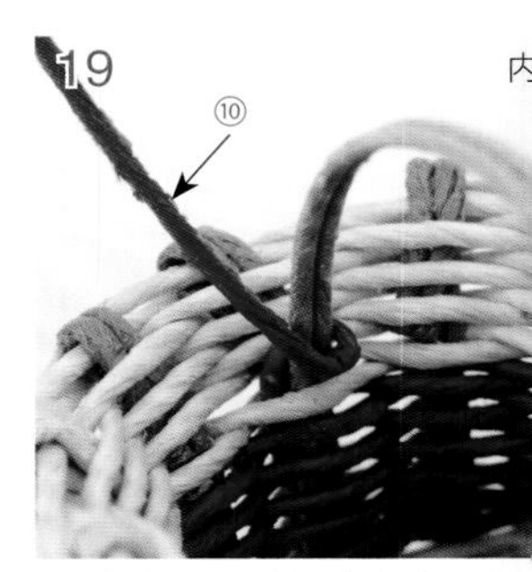
19
⑩

在⑩卷绳的端部涂胶水，塞
相同的位置，塞进 1cm 固定。

20
内侧

用卷绳缠绕芯绳。

21

绕到对侧，卷绳端部用与 19 同样的方法处理。

22
2.5cm
3.3cm
2.5cm

完成。
尺寸 / 约 2.5cm × 3.3cm × 2.5cm。

＊作品 17

4 周
7 周

从底面到侧面一直用⑤编条
完成尺寸相同。

27、28 洗衣筐 ×××××××××××××××××××××p.16

材料 Hamanaka 纸藤（5m 卷）
7 淡黄色（13）60cm
8 栗色（14）60cm
工具 参考 p.32
完成尺寸 参考图片
编条分割股数（参考裁剪图）

①十字形编条	2 股	14cm，4 根
②编条	1 股	60cm，2 根
③编条	1 股	30cm，1 根
④编条	2 股	50cm，1 根
⑤编条	1 股	30cm，1 根
⑥提手编条	1 股	30cm，2 根

＊纸藤裁剪图

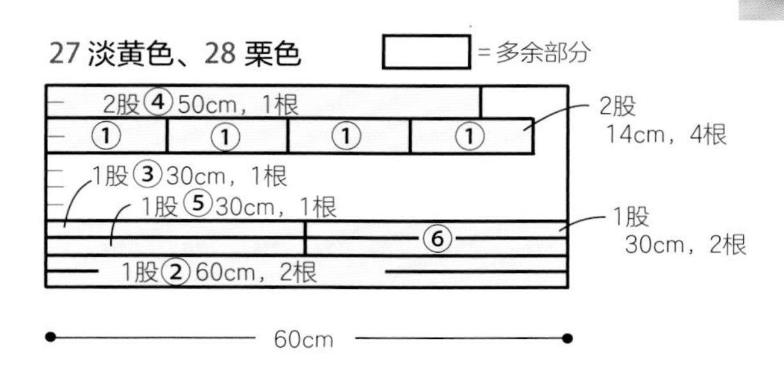

27 淡黄色、28 栗色
=多余部分
2股④50cm，1根
① ① ① ①
2股
14cm，4根
1股③30cm，1根
1股⑤30cm，1根
⑥
1股
30cm，2根
1股②60cm，2根
60cm

作方法 （为便于解说，改变了配色。）

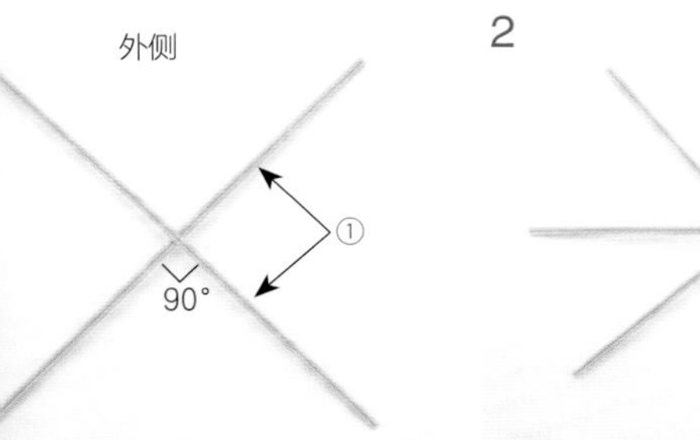

外侧
①
90°

底座，用 2 根①十字形编条交叉成十字，中间重合部分涂胶水，这样制作 2 组。

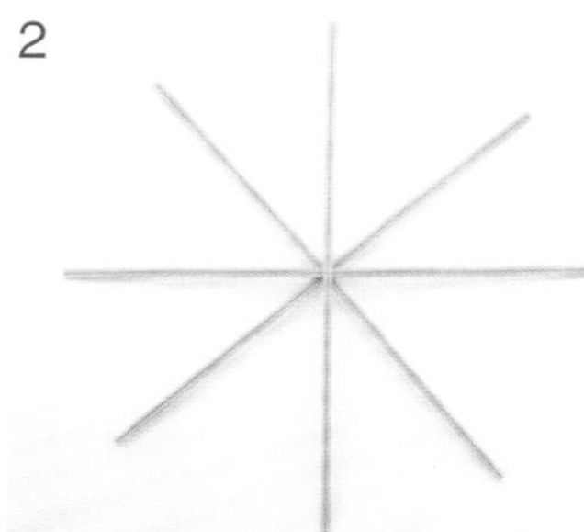

2

接着将 2 组中间重合固定，呈放射状。

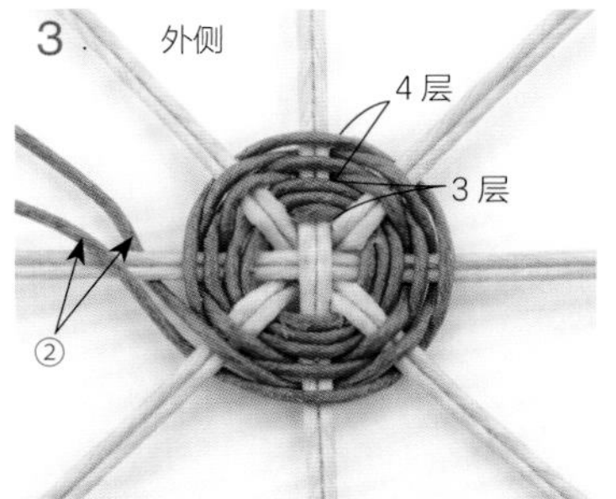

3
外侧
4 层
3 层
②

编织底部。用 2 根②编条编织圆形底（参考 p.36），共计编织 7 层。

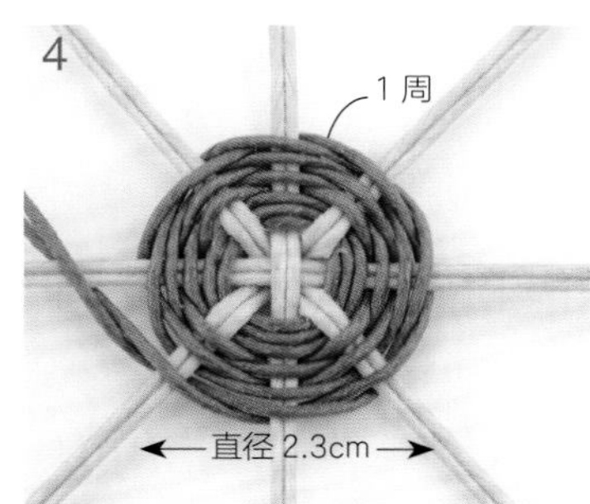

4
1 周
直径 2.3cm

接着进行左捻编织（参考 p.34），完成 1 周。

侧面，将底部的编条向内弯使它立起来。

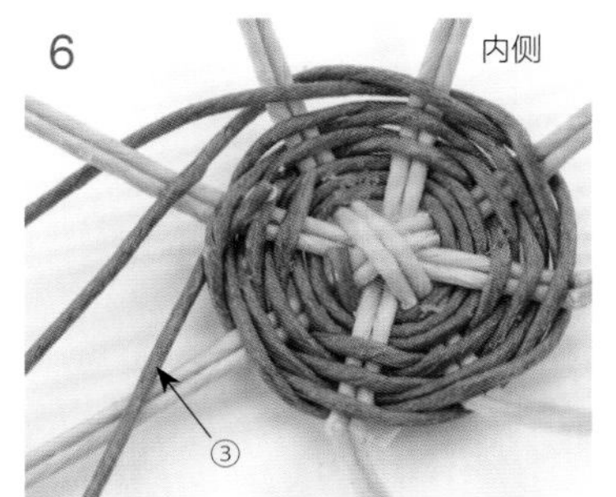

6
内侧
③

编织侧面。在③编条端部涂胶水，从外侧塞进底部的左捻编条，加上 4 中的编条，接着进行左 3 股绳编（参考 p.35）。

7
2 周

完成左 3 股绳编 2 周后，处理编条端部。

8

将纵编条分割成 1 股 1 根，呈 V 字形。

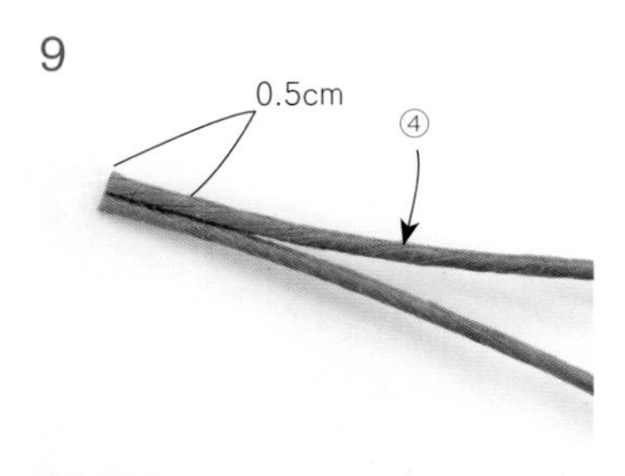
9
0.5cm
④
将④编条端部留出 0.5cm，分割成 1股1根。

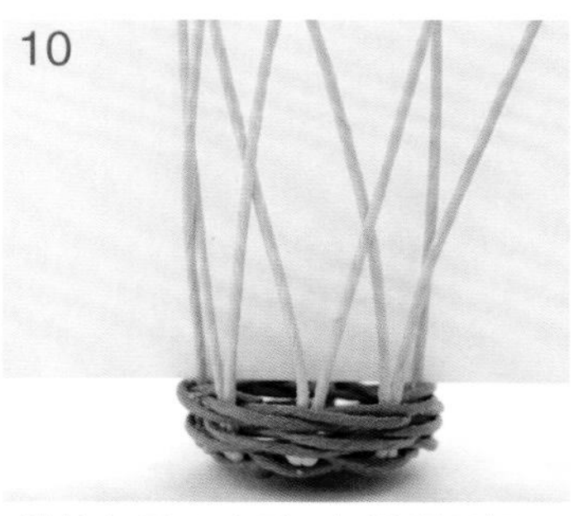
10
纵编条呈 V 字形，如图所示相互交错。
※ 为便于理解，拍摄时加入了白纸。

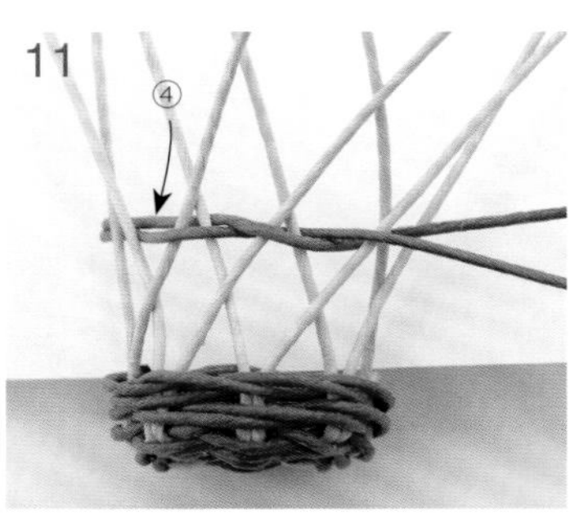
11
④
在 10 交点上方，2 根为 1 组相互交错，用 9 中的④编条进行左捻编织。

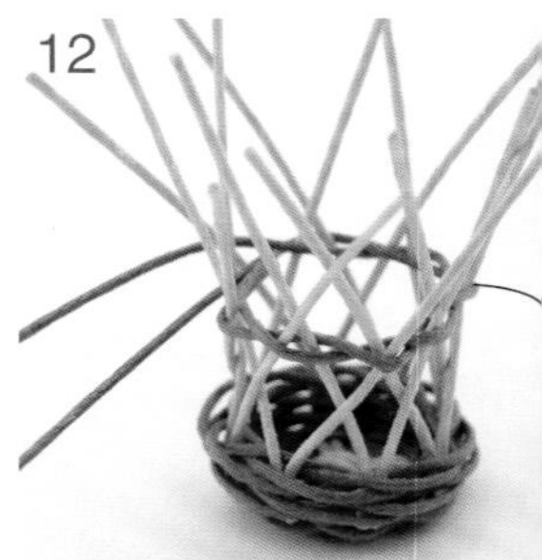
12
继续用 11 的方法以 2 根为
进行左捻编织直至完成 1 周。

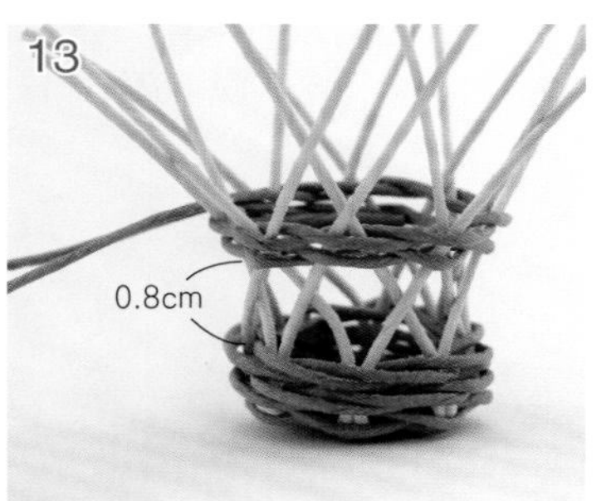
13
0.8cm
越往上篮口越广，这样第 2 周和第 1 周按照相同方法进行编织，一边用喷壶喷水调整内侧，一边调整下方的间隔为 0.8cm。

14
将经纬条整理成如图所示 2 股 1 根。

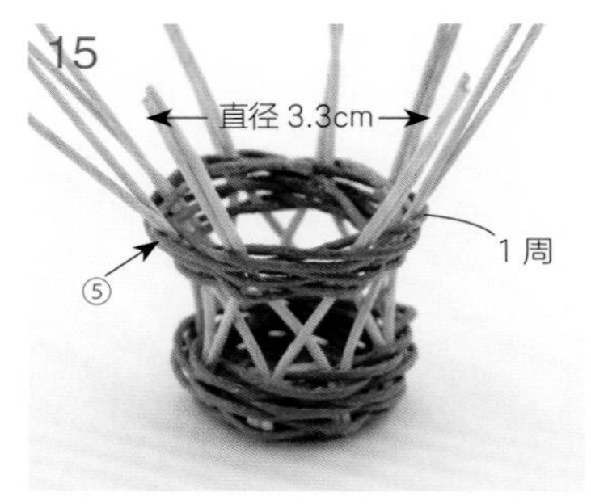
15
直径 3.3cm
1 周
⑤
接着，按照 6 的方法将 1 根⑤编条端部固定在内侧，加上 13 中的编条一起进行左 3 股绳编，并完成一周，越往上篮口越广。

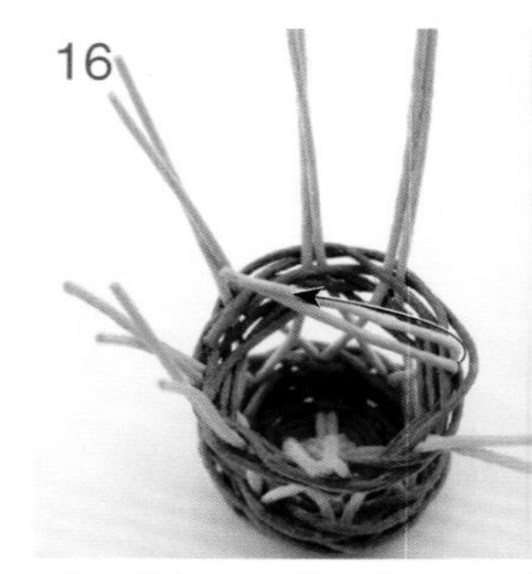
16
处理纵编条。整理成 2 股 1
内弯折。

17
将内折的纵编条塞进第 2 层的编条中，如图所示从下方拉出。

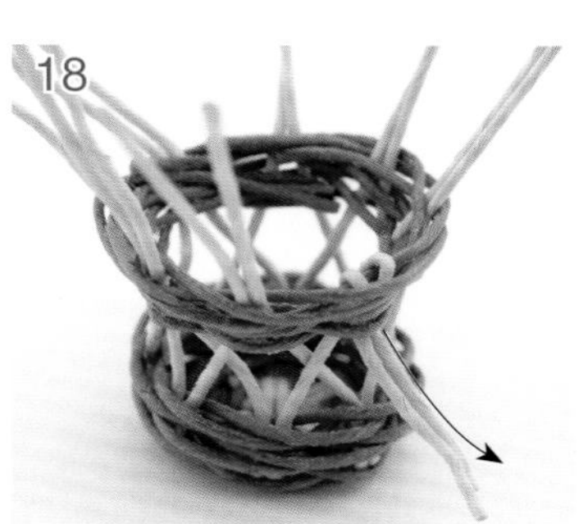
18
接着将 17 中的纵编条向外拉出。

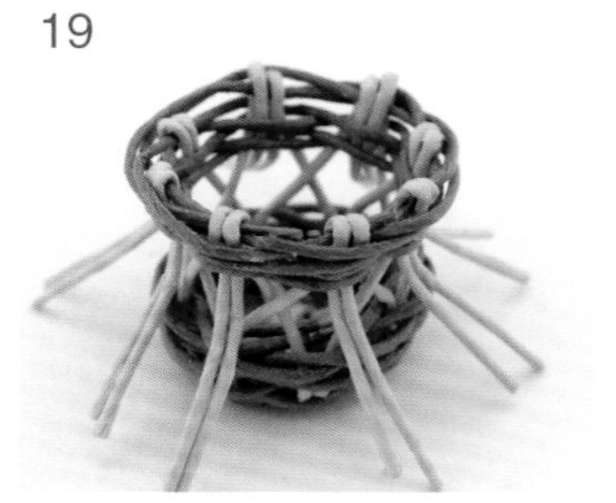
19
按照 16 ～18 的方法，将全部的纵编条塞进内侧编条再向外拉出。

20
沿边缘剪掉多余编条。

多余编条的状态。

22

按照 20、21 的方法处理纵编条。

23

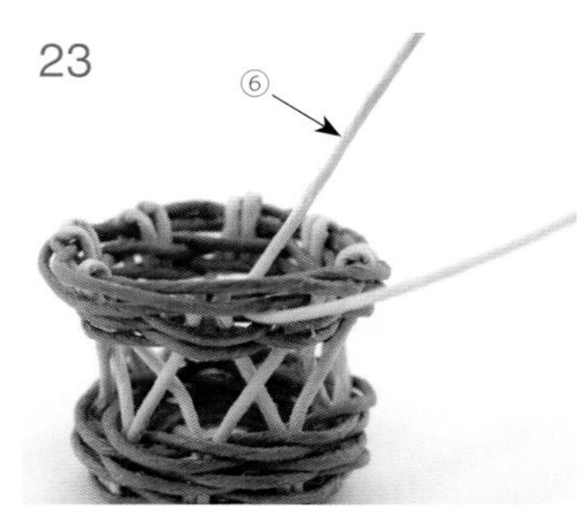
⑥

制作提手。将⑥提手编条 1 股塞进左 3 股编条的下方，穿到内侧。

24

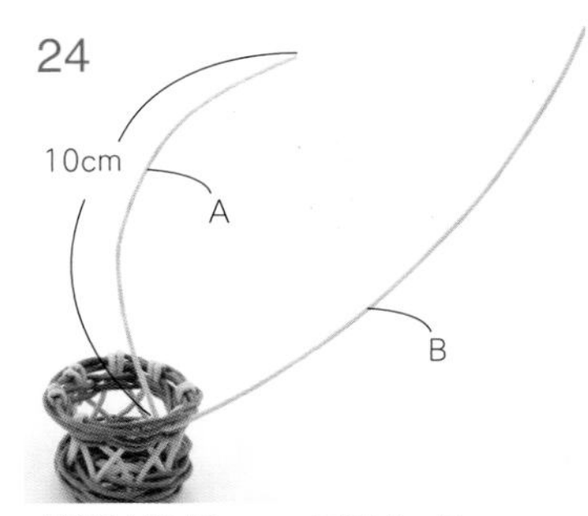
10cm
A
B

接着拉出 10cm，如图 A、B。

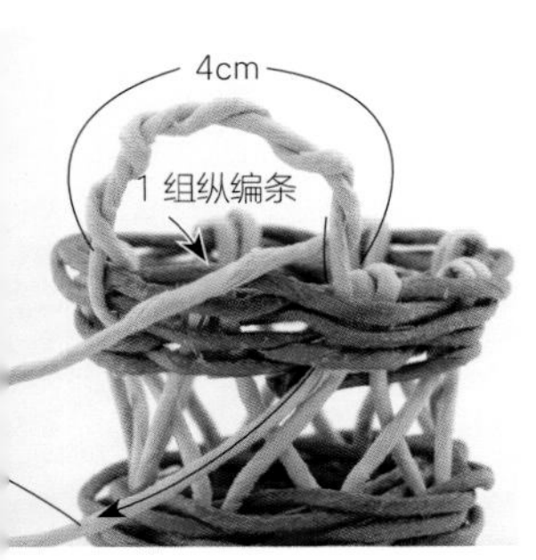
4cm
1 组纵编条

中的 A、B 做出 4cm 弧形，
部涂胶水塞进纵编条所在的编
拉出，B 从外侧拉出。

26

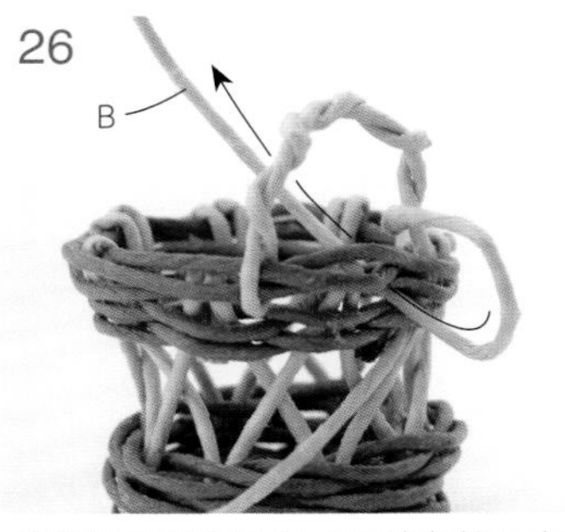
B

接着将 B 端部从左 3 股编条的下方朝内侧塞进。

27

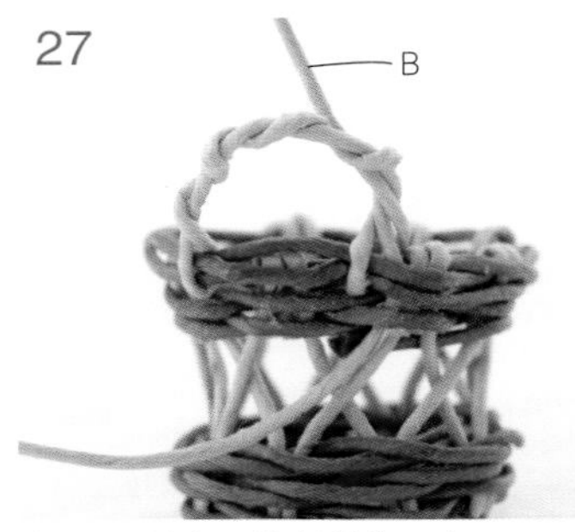
B

拉紧 B 端部，接着缠绕回去。

28

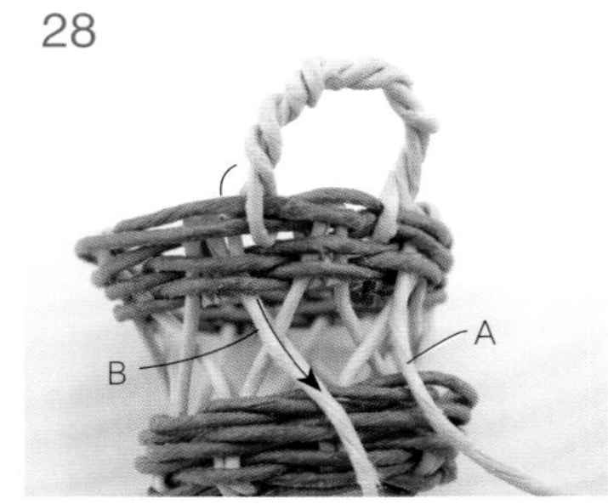
A
B

将 B 绕到底部，A 端部也一样，塞进左侧纵编条所在的编条里，并从外侧拉出。

A、B 端部，剪掉多余部分，
成。

30

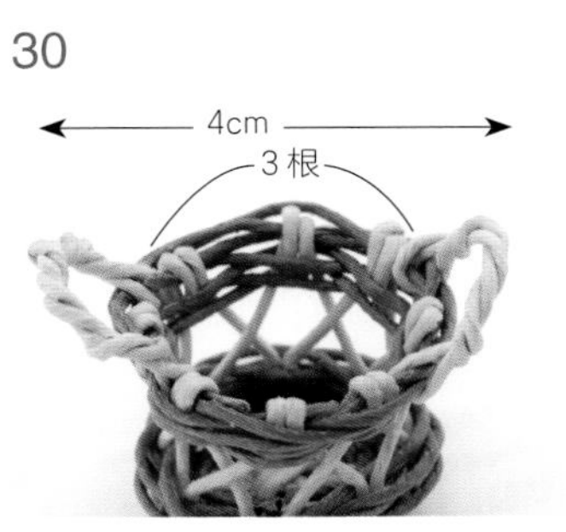
4cm
3 根

固定另一个提手，调整形状，使两侧提手都向外倒。

31

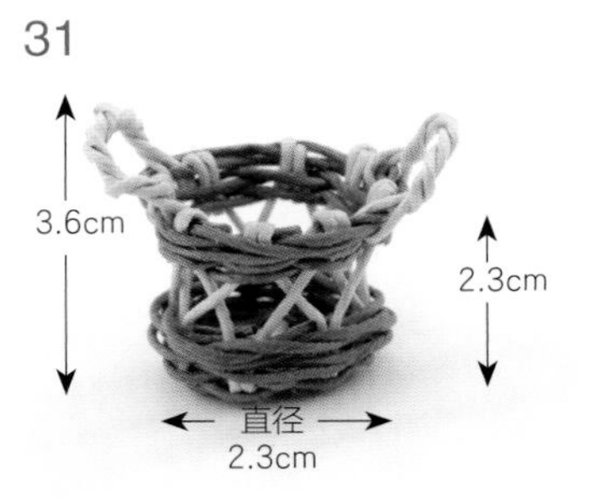
3.6cm
2.3cm
直径
2.3cm

完成。
尺寸 / 约 直径2.3cm × 2.3cm。

20～22 带标签圆形篮

× p.14

＊**材料**　Hamanaka 纸藤（5m 卷）
20 淡黄色（13）90cm
21 栗色（14）90cm
22 芥末绿（24）90cm
＊**其他**　20～22 印花布 1cm × 10cm
纯色布 0.8cm × 2cm
＊**工具**　参考 p.32
＊**完成尺寸**　参考图片
＊**编条分割股数**（参考裁剪图）

①十字形编条	2 股	10cm，3 根
②十字形编条	2 股	15cm，1 根
③编条	1 股	90cm，2 根
④装饰、卷绳	1 股	70cm，1 根

＊纸藤裁剪图

20 淡黄色、21 栗色、22 芥末绿　　□ = 多余部

2股 10cm，3根
15cm，1根
1股 ④ 70cm，1根
① ① ① ②
1股 ③ 90cm，2根
90cm

＊制作方法　（为方便解说，改变了配色。）

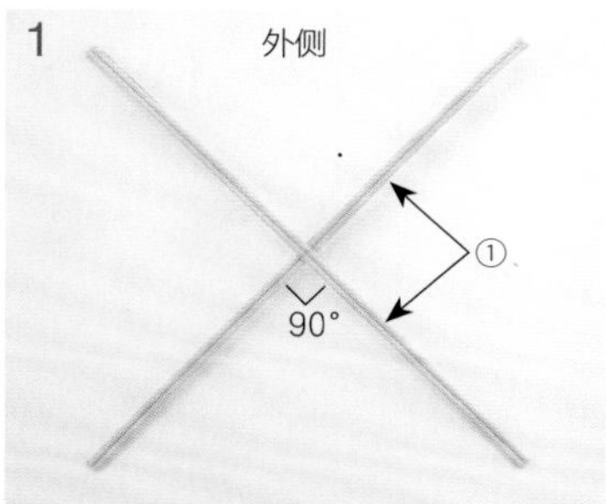
1
外侧
①
90°

制作底座。用 2 根①十字形编条组成十字，中间部分用胶水贴合。

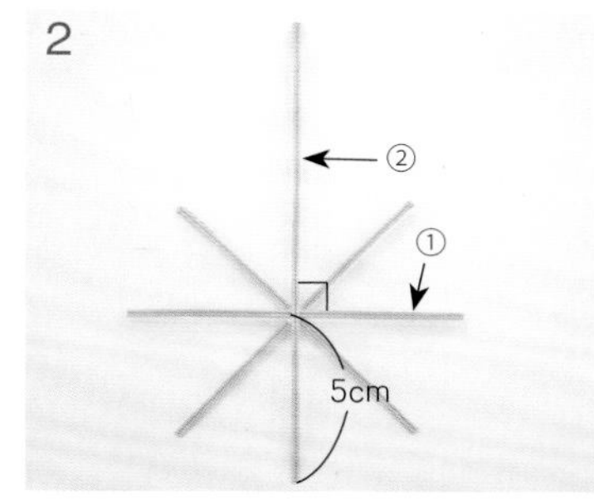
2
②
①
5cm

在①的相应位置如图放置②十字形编条、在②十字形编条的下端预留 5cm 并重叠粘合固定

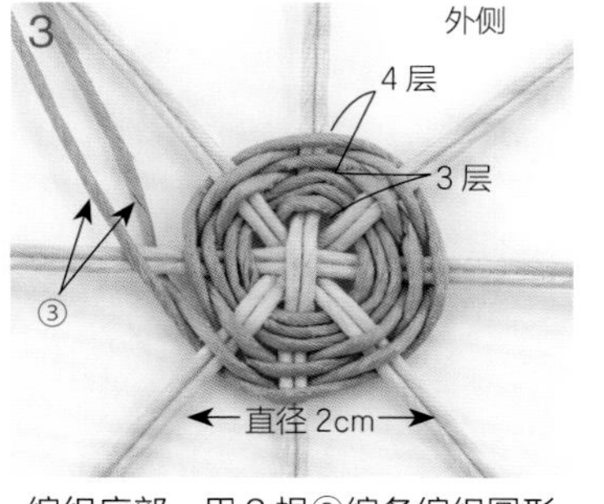
3
外侧
4 层
3 层
③
直径 2cm

编织底部。用 2 根③编条编织圆形底（参考 p.36），共编 7 层，将编条置于一旁。

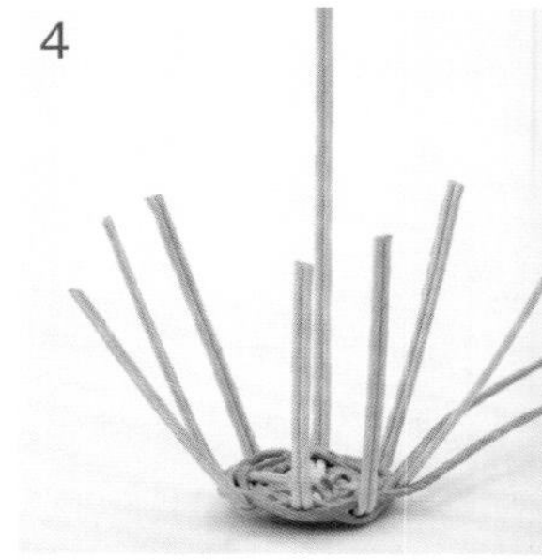
4

将 3 翻面，底部四周编条向内
使它立起来。

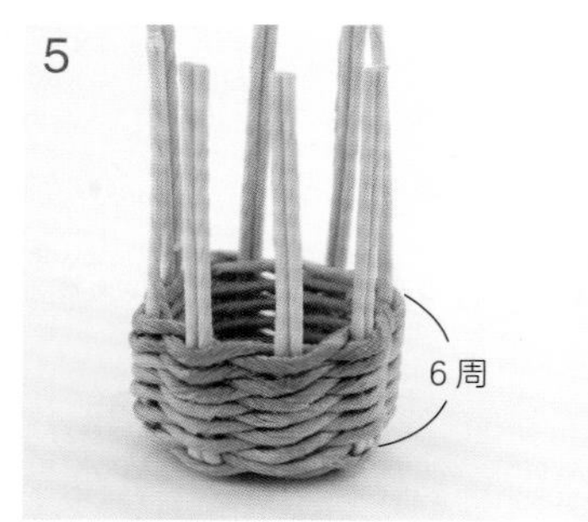
5
6 周

编织侧面。加上 3 中的编条进行右捻编法（参考 p.34），完成垂直 6 周的编织，处理多余端部。

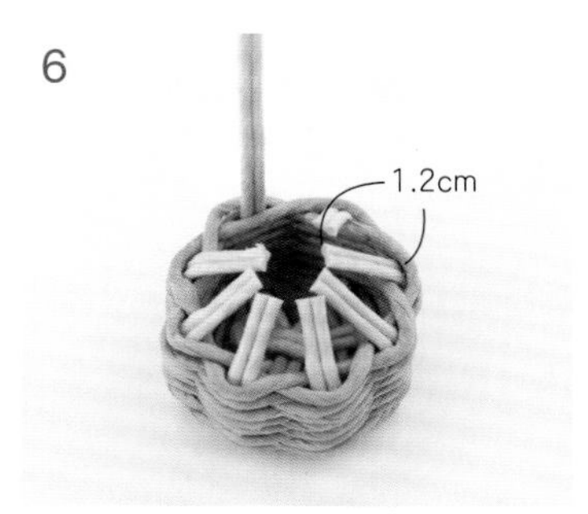
6
1.2cm

留出②十字形编条中的较长一端，其他纵编条留出 1.2cm，剪去多余端部并向内折。

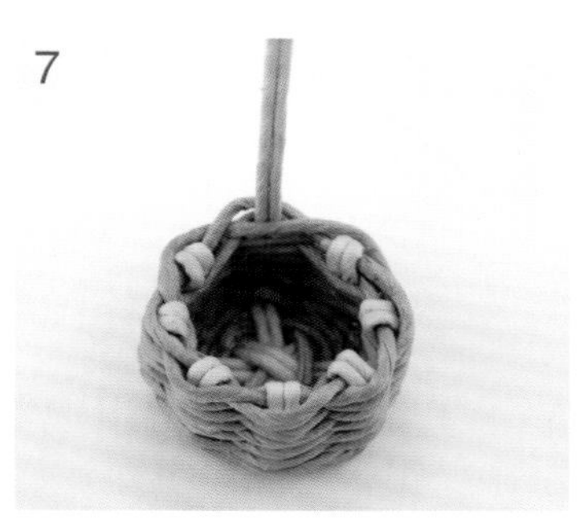
7

内折的纵编条端部塞进内侧的编条中（参考 p.33）。

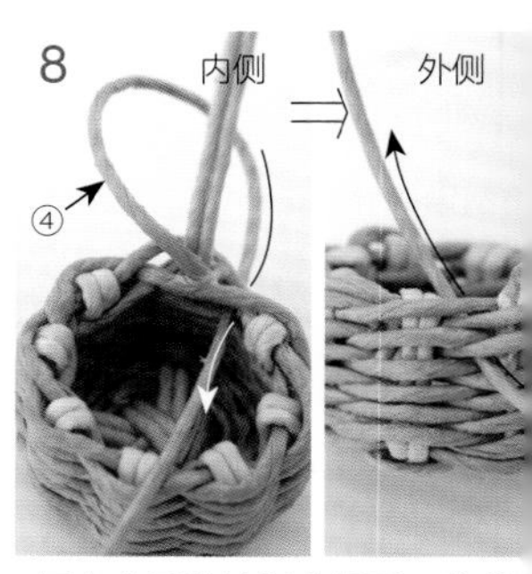
8
内侧
外侧
④

用十字形装饰制作提手。将④
卷绳端部塞进 6 中剩余的纵
所在的编条中，从内往外斜向
再从第 2 周编条的下方穿向内

中的编条。

10

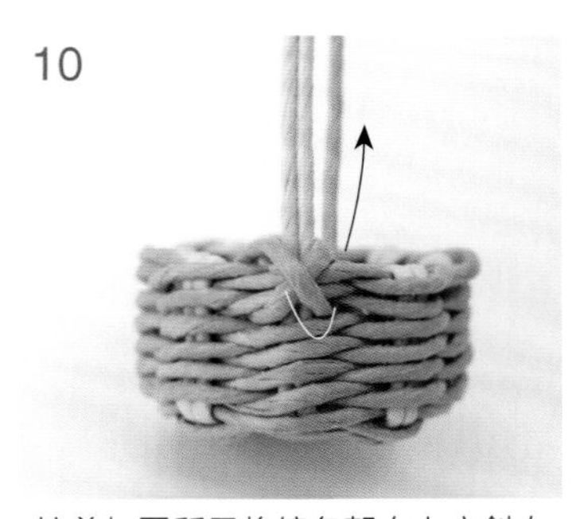

接着如图所示将编条朝右上方斜向穿过，再从第 2 周下方的编条穿向内侧，形成十字形装饰。

11

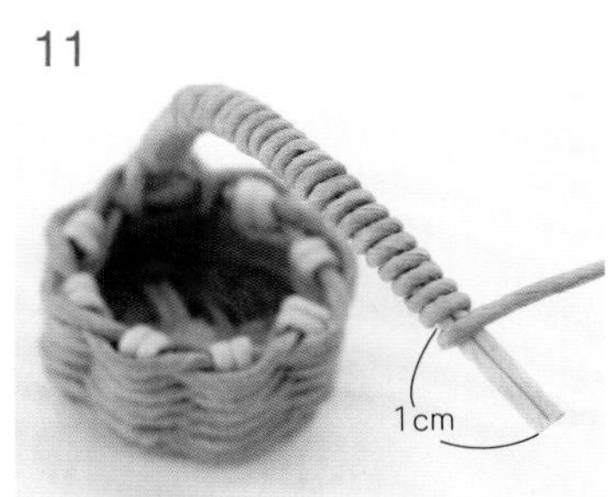
1cm

接着，缠绕纵编条，留下 1cm 不缠。

12

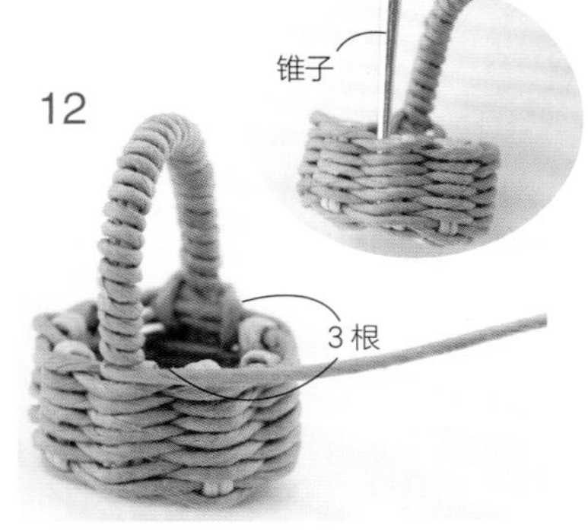
锥子
3 根

在 1cm 的位置涂胶水，塞进外侧编条中，用锥子调整间隙。

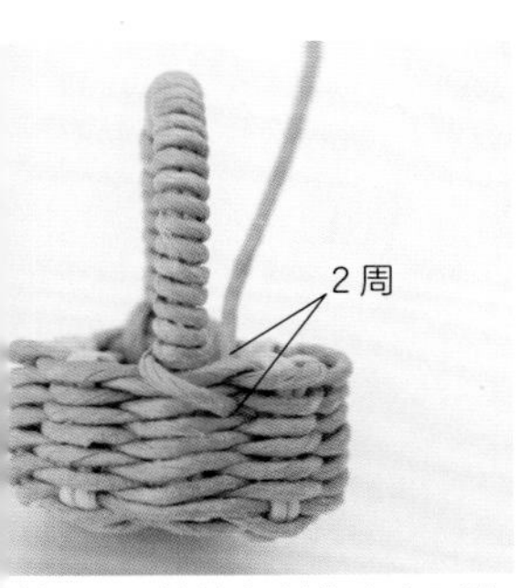
2 周

续用 11 的编条制作十字形装
图所示从第 2 周编条的下方
侧。

14

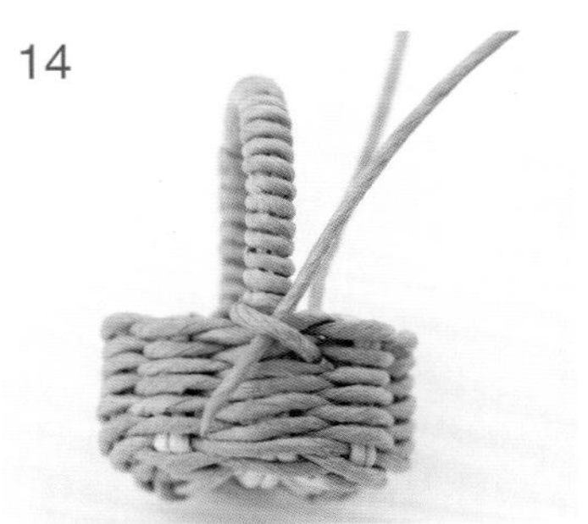

接着，斜向下穿过编条，并拉紧。

15

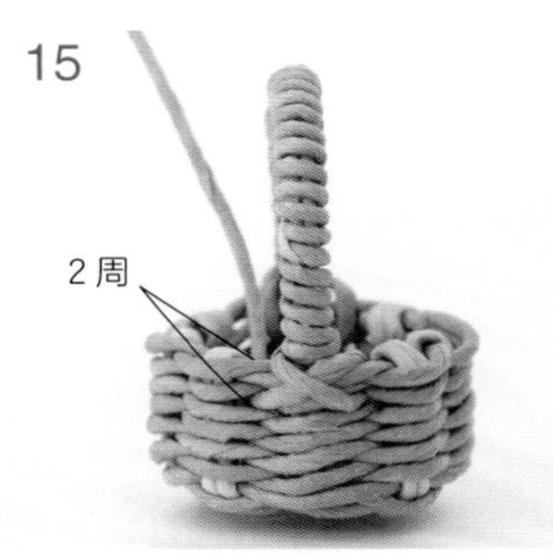
2 周

继续从第 2 周编条的下方穿向内侧。

16

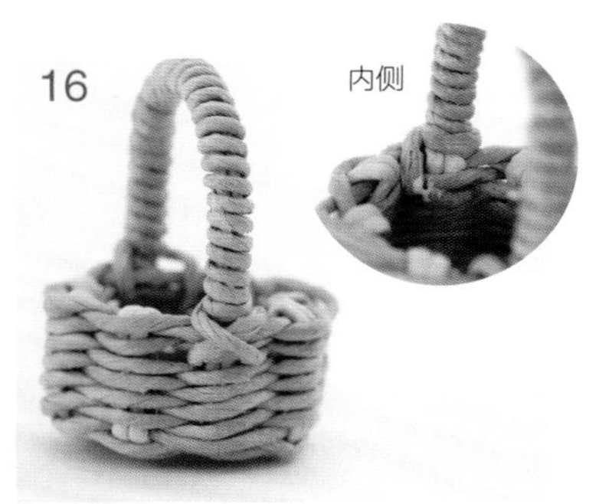
内侧

继续，拉紧编条并剪掉多余部分，在提手内部涂上胶水，提手和十字形装饰就完成了。

直径 2cm

约 直径 2cm × 1.4cm。

18

布标打结法
EAT ME

用中性笔在纯色布上写上喜欢的文字，并贴到印花布上，在提手上打结作为装饰。作品 22 完成。

＊作品 20

maki

作品 20 完成。

＊作品 21

Thank you!

没有十字形装饰，只有布标装饰。作品 21 完成。

23～26 针插包 ××××××××××××××××××p.15

＊**材料** Hamanaka 纸藤（5m 卷）
23 深棕色（15）90cm
24 栗色（14）90cm
25 米色（1）90cm
26 淡黄色（13）90cm
＊**其他** 直径 6cm 的圆形布片 若干填充棉
＊**工具** 参考 p.32
＊**完成尺寸** 参考图片
＊**编条分割股数**（参考裁剪图）

①十字形编条	2 股	10cm，4 根
②编条	1 股	90cm，2 根
③提手编条	1 股	20cm，2 根

＊纸藤裁剪图

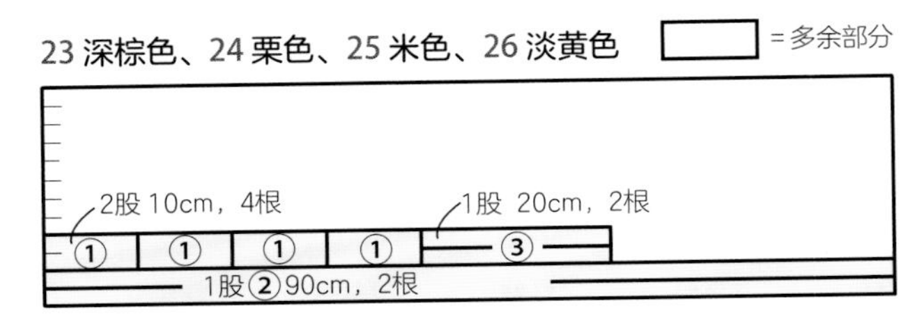

23 深棕色、24 栗色、25 米色、26 淡黄色
= 多余部分
2股 10cm，4根
1股 20cm，2根
①
①
①
①
③
1股②90cm，2根
90cm

＊制作方法 （为便于解说，改变了配色。）

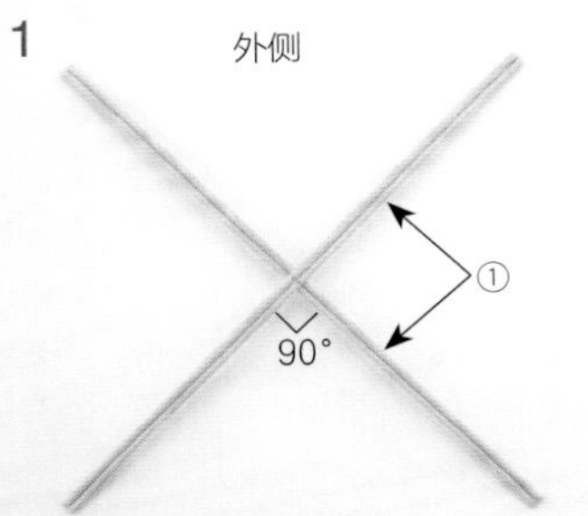

1
外侧
①
90°

制作底座。用 2 根①十字形编条组成十字，中间部分用胶水贴合。这样制作 2 组。

2

将 2 组①十字形编条中心重合呈放射状放置。

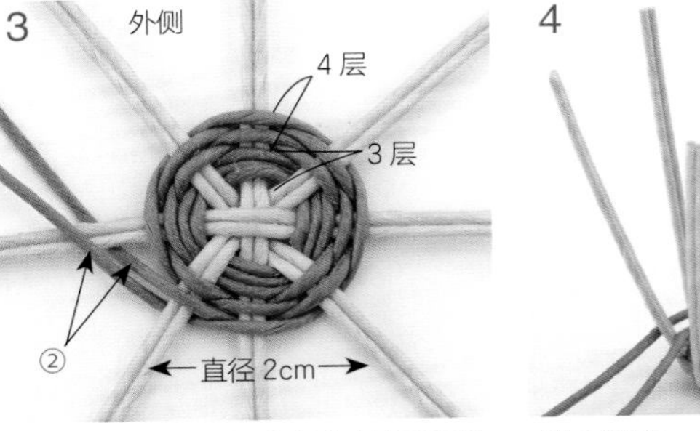

3
外侧
4 层
3 层
②
直径 2cm

编织底部。用 2 根②编条编织圆形底（参考 p.36），共编 7 层，将编条置于一旁。

4

将 3 翻面，底部编条向内弯折它立起来。

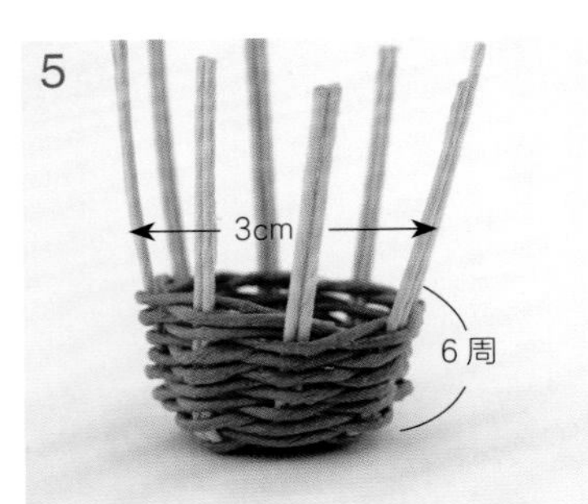

5
3cm
6 周

编织侧面。加上 3 中的编条进行右捻编法（参考 p.34），完成垂直 6 周的编织，处理多余端部。

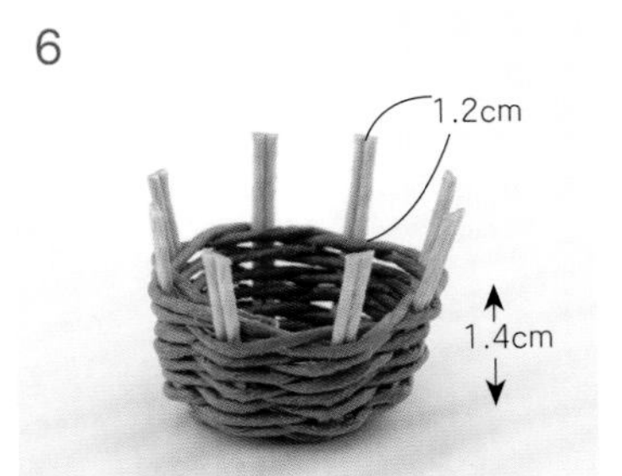

6
1.2cm
1.4cm

将编好的主体高度调整成 1.4cm，其他纵编条留出 1.2cm。

7

剪去多余纵编条并向内折。

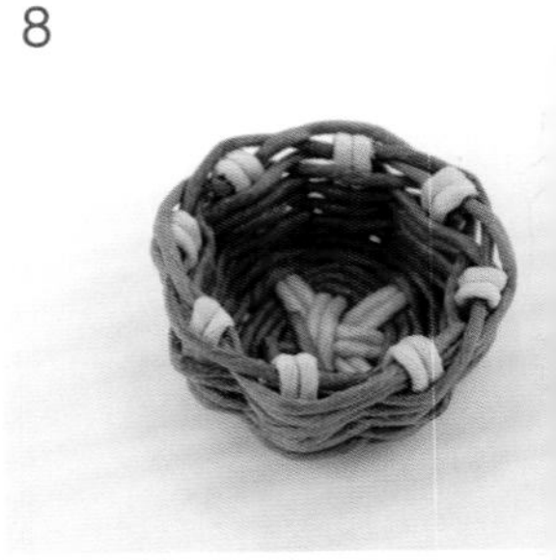

8

将内折的纵编条塞进内侧的编（参考 p.33）。

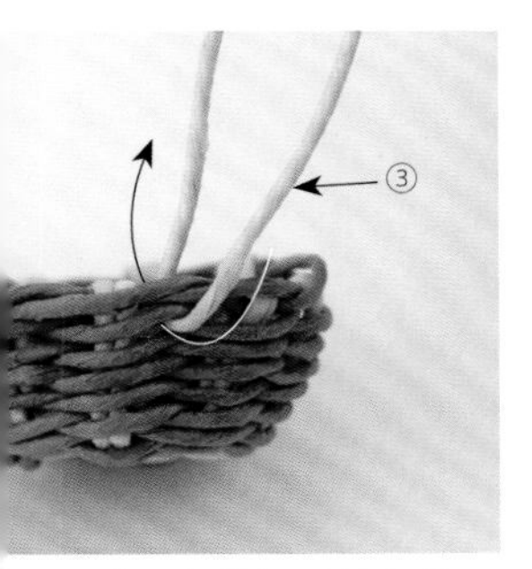
③

昰手。将 1 根③提手编条从
闹编条的下方穿向内侧。

10

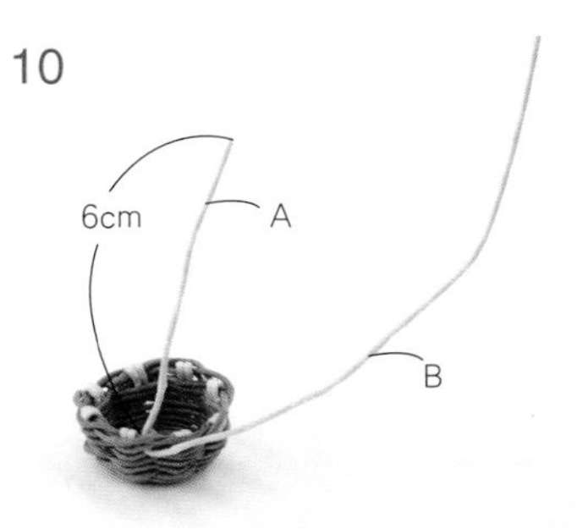
6cm
A
B

接着将 9 中的编条向内拉出 6cm，分为 A、B 两部分。

11

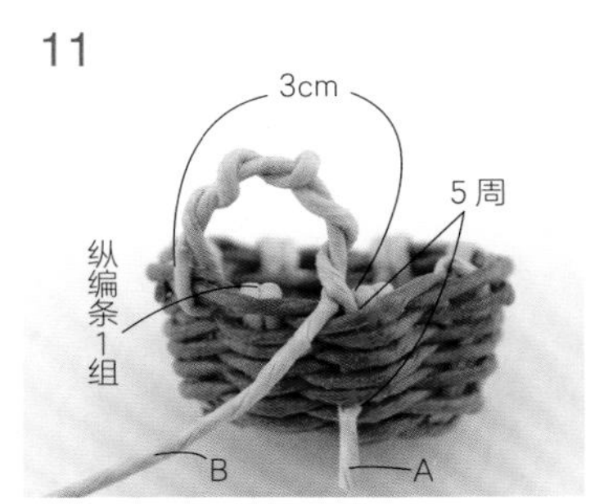
3cm
5 周
纵编条 1 组
B
A

继续将 10 中的 A、B 做成 3cm 的弧形，A 根部用胶水固定，从与纵编条所在相同编条的第 5 周下方拉出，B 拉向外侧。

12

2 周

接着将 B 端部从纵返编的 2 周下方拉入内侧。

3 端部，接着继续进行 11 中
形斜向缠绕。

14

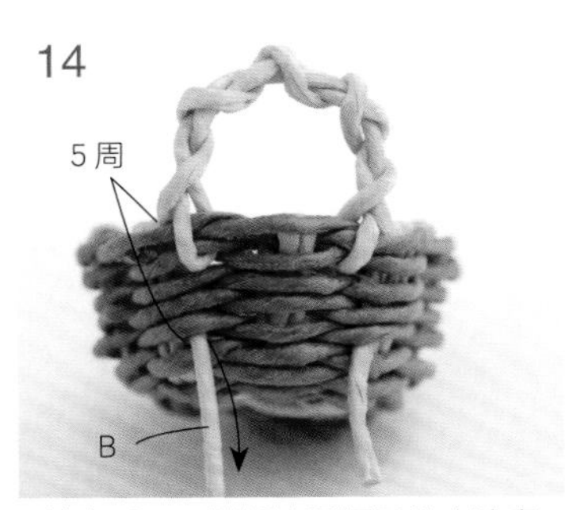
5 周
B

缠完后，A 端部按照相同的方法塞进编条内侧，从第 5 周下方拉出。

15

A、B 端部均已拉出，剪去多余部分，提手制作完成。

16

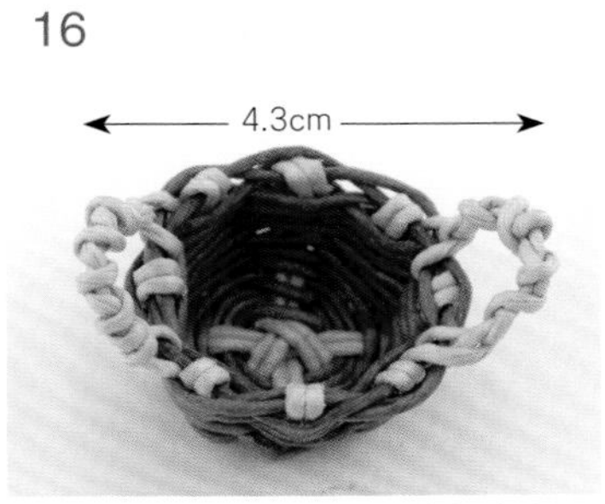
4.3cm

两个提手完成，然后用喷壶喷水调整形状，图中是完成状态。

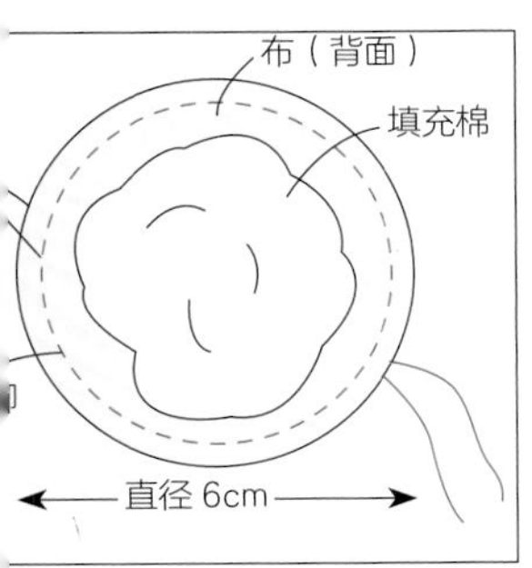
布（背面）
填充棉
直径 6cm

十插。沿布边内 0.5cm 的位
十脚缝合，中间塞填充棉，再
逄线。

18

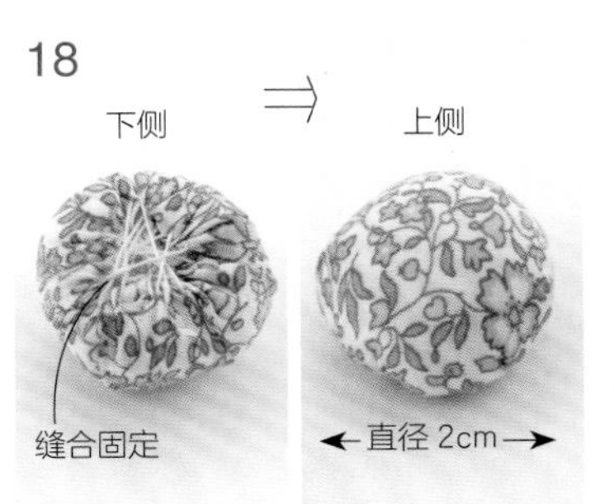
下侧
上侧
缝合固定
直径 2cm

调整成半球形，拉紧下侧的布缝合固定。

19

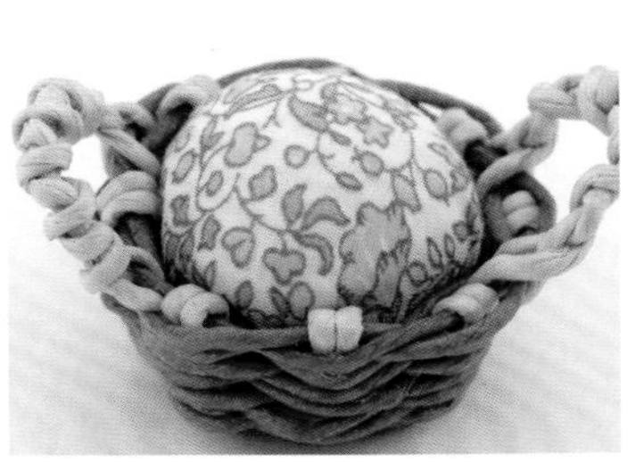

针插下侧涂上胶水固定到藤编篮的中间。

20

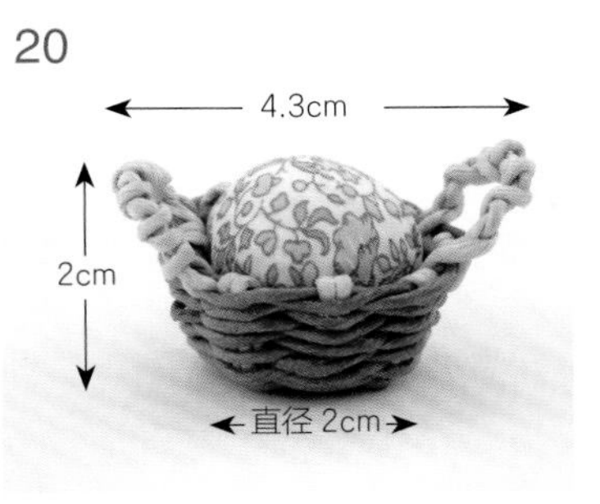
4.3cm
2cm
直径 2cm

完成。
尺寸 / 约 直径 2cm × 2cm × 4.3cm。

29～32 蔬果托盘 p.17

＊**材料** Hamanaka 纸藤（5m 卷）
29 芥末绿（24）90cm
30 深棕色（15）90cm
31 淡黄色（13）90cm
32 栗色（14）90cm
＊**工具** 参考 p.32
＊**完成尺寸** 参考图片

＊**编条分割股数**（参考裁剪图）

①十字形编条	4 股	15cm，4 根
②编条	1 股	90cm，2 根

＊纸藤裁剪图

29 芥末绿、30 深棕色、31 淡黄色、32 栗色

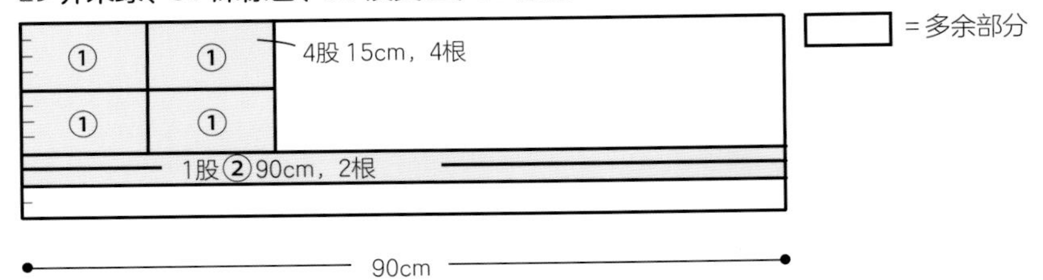

①
4股 15cm，4根
1股②90cm，2根
90cm
=多余部分

＊制作方法 （为便于解说，改变了配色。）

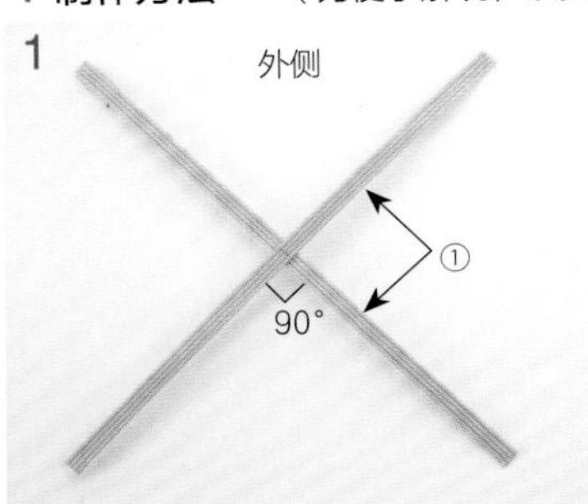

1
外侧
①
90°

制作底座。用 2 根①十字形编条组成十字，中间部分用胶水贴合。这样制作 2 组。

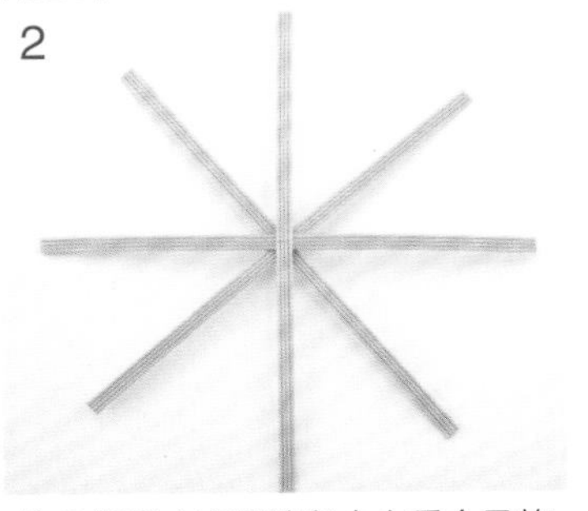

2

将 2 组①十字形编条中心重合呈放射状放置。

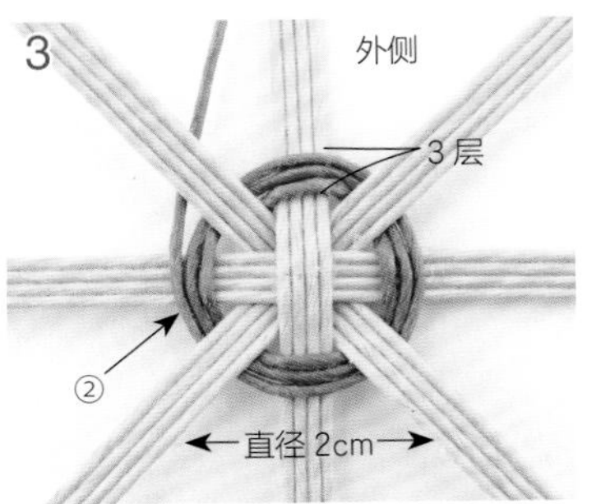

3
外侧
3 层
②
直径 2cm

编织底部。用 2 根②编条编织圆形底（参考 p.36），共编 3 层，将编条置于一旁。

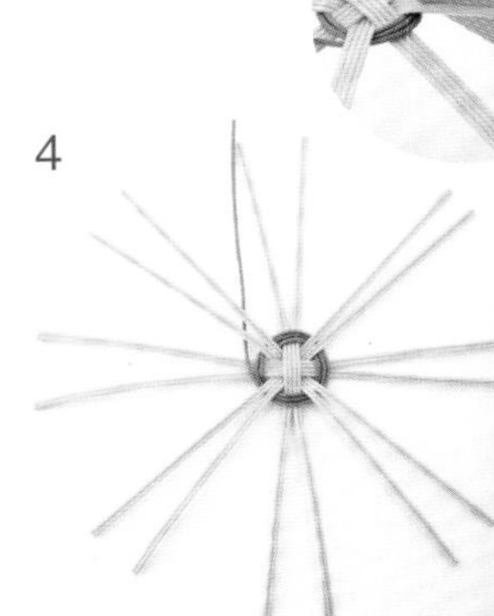

4

将十字形编条的 4 股分成 2 股形成 V 字形。

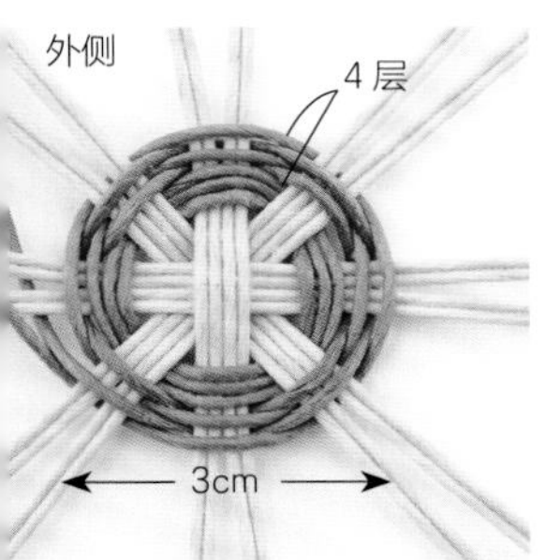
外侧
4层
3cm

用3中的编条与2根剩余
編条一起进行交替编织（参考
，这样编2周（共4层）。

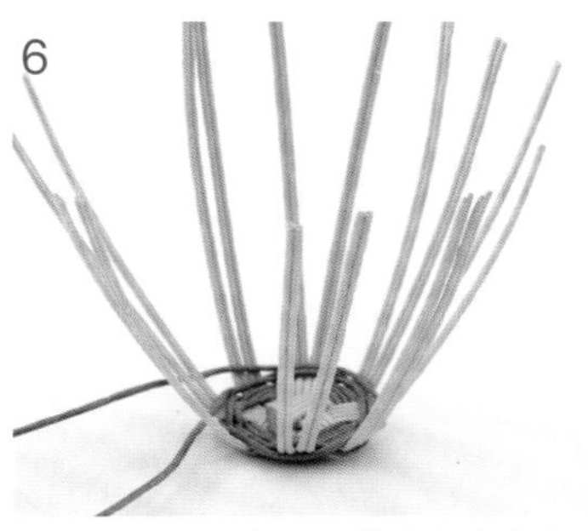
6

将5翻面，底部一周的编条向内弯折，使它立起来。

7

编织侧面。加上5中的编条与纵编条进行交替编法和右捻编法（参考p.34），开口越来越广。

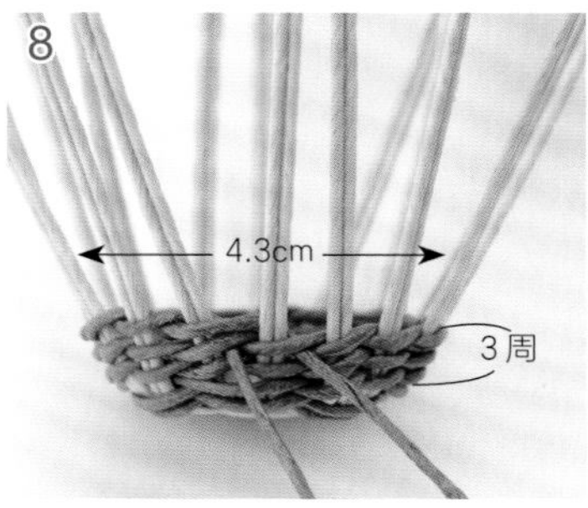
8
4.3cm
3周

接着这样共编3周，将端部的编条向外拉出，并置于一旁。

余的2股1根的纵编条分割成
根。

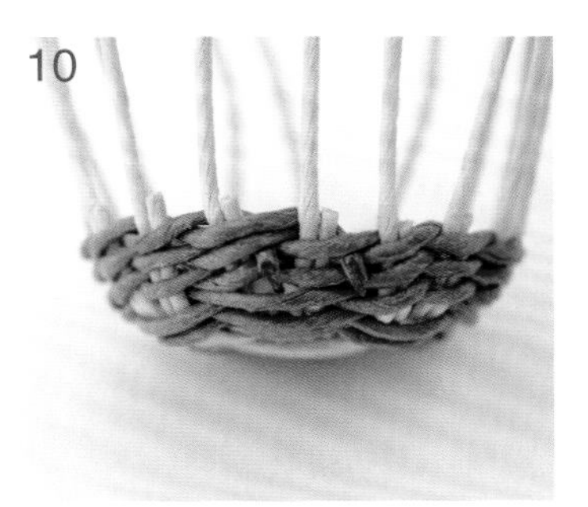
10

将9中的纵编条如图从根部剪去右边的1根。接着，沿边缘剪去8中的编条。

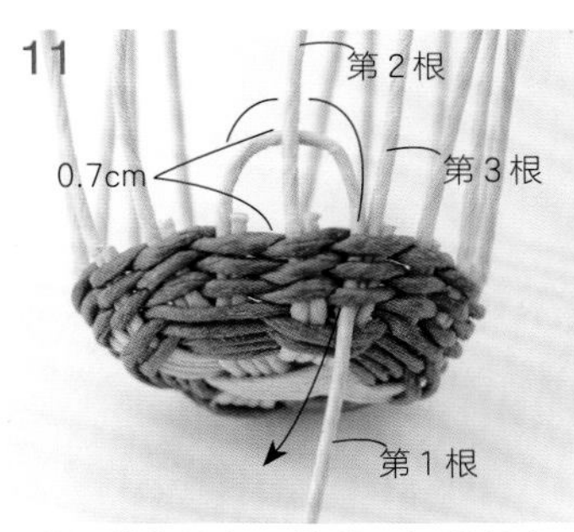
11
第2根
0.7cm
第3根
第1根

进行装饰编织。将第1根纵编条如图沿着第3根根部做出高度的0.7cm的弧形，塞进第3层的缝隙中，向外拉出。※ 一边捻合一边塑出弧形。

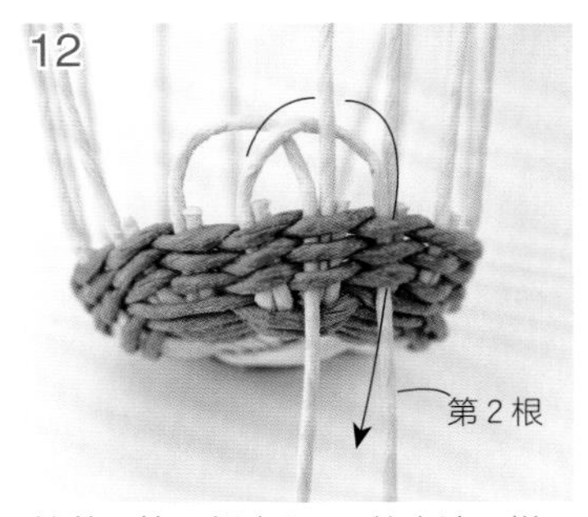
12
第2根

接着，第2根也和11的方法一样，做出高度0.7cm的弧形，并塞进编条中。

12的方法制作1周，最后剩下
从编条的状态。

14

最后1根塞进最开始的弧形内侧，从第3周的编条下方拉出。

15

用喷壶喷水调整形状，将多余纵编条沿编条剪下。

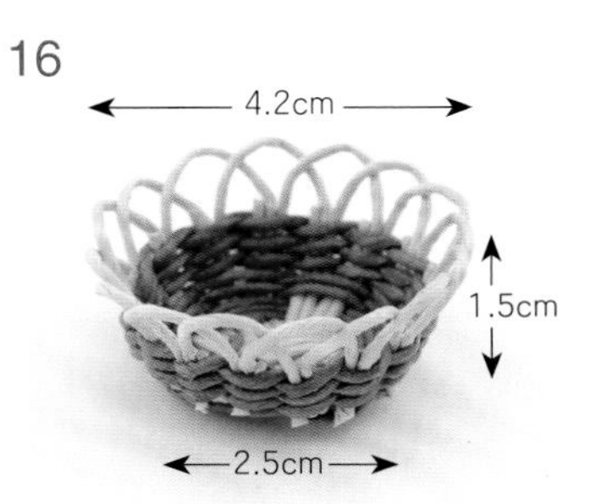
16
4.2cm
1.5cm
2.5cm

完成。
尺寸 / 约 直径 2. 5cm×1.5cm×4.2cm。

33~35 三种尺寸方形篮 p.18

＊材料　Hamanaka 纸藤（5m 卷）
33（大）栗色（14）90cm
34（中）栗色（14）80cm
35（小）栗色（14）80cm
＊工具　参考 p.32
＊完成尺寸　参考图片

＊33（大）编条分割股数（参考裁剪图）

①纬条	2 股	10cm，4 根
②纬条	2 股	3cm，6 根
③经条	2 股	9cm，5 根
④编条	2 股	2.4cm，2 根
⑤编条	2 股	90cm，1 根
⑥边缘编条	2 股	16cm，1 根
⑦提手编条	2 股	4cm，2 根

＊34（中）编条分割股数

①纬条	2 股	9cm，4 根
②纬条	2 股	3cm，6 根
③经条	2 股	8cm，5 根
④编条	2 股	2.4cm，2 根
⑤编条	2 股	80cm，1 根
⑥边缘编条	2 股	14cm，1 根
⑦提手编条	2 股	3cm，2 根

＊35（小）编条分割股数

①纬条	2 股	8cm，3 根
②纬条	2 股	2.4cm，4 根
③经条	2 股	8cm，4 根
④编条	2 股	1.6cm，2 根
⑤编条	2 股	80cm，1 根
⑥边缘编条	2 股	10cm，1 根
⑦提手编条	2 股	3cm，2 根

＊纸藤裁剪图

□ = 多余部分

33（大）栗色

2股②3cm，6根
16cm，1根
4cm，2根
④2.4cm，2根
⑥ ⑦ ⑦
① ① ① ① ③ ③ ③ ③ ③
2股⑤90cm，1根
2股 10cm，4根
9cm，5根
90cm

34（中）栗色

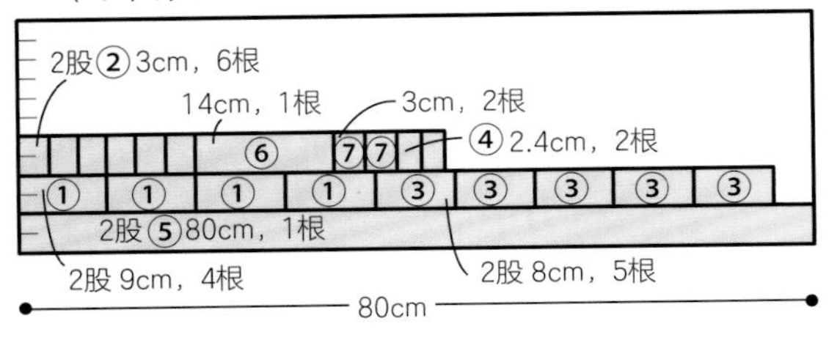

2股②3cm，6根
14cm，1根
3cm，2根
④2.4cm，2根
⑥ ⑦ ⑦
① ① ① ① ③ ③ ③ ③ ③
2股⑤80cm，1根
2股 9cm，4根
2股 8cm，5根
80cm

35（小）栗色

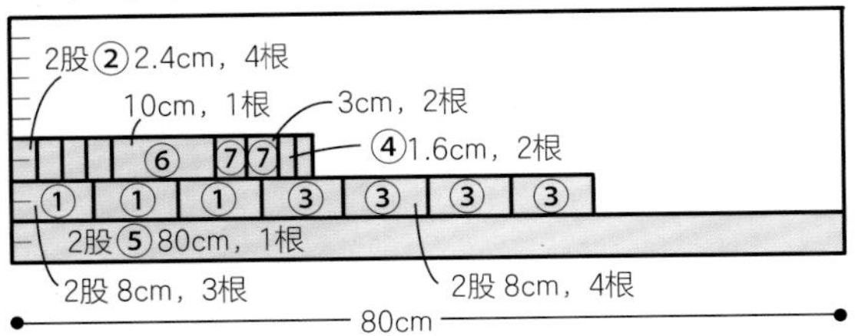

2股②2.4cm，4根
10cm，1根
3cm，2根
④1.6cm，2根
⑥ ⑦ ⑦
① ① ① ③ ③ ③ ③
2股⑤80cm，1根
2股 8cm，3根
2股 8cm，4根
80cm

品 35 的制作方法 （为便于解说，改变了配色。）

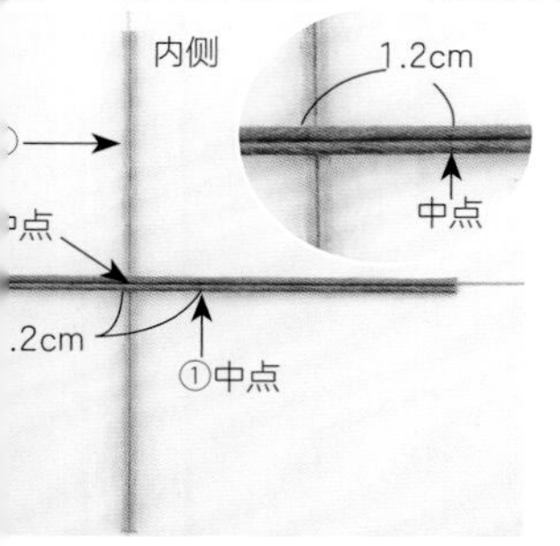
内侧
1.2cm
中点
点
.2cm
①中点

底座。在③经条的中点放置条，放置位置离①纬条中点n，将二者固定。

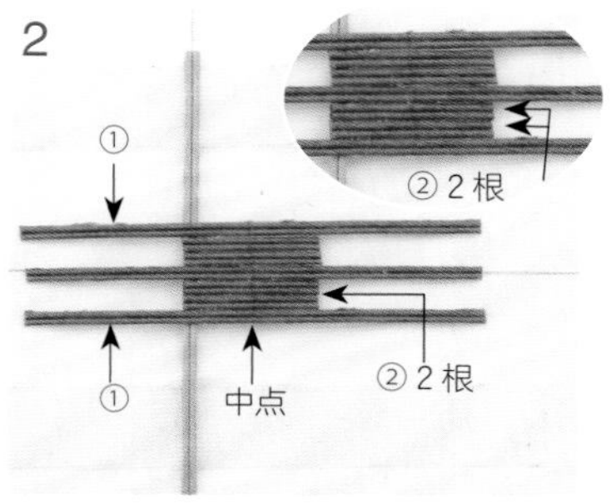
2
①
②2根
①
中点
②2根

在1的上下方分别放置2根②纬条，使之贴合③经条，接着在上下分别放置1根①纬条。

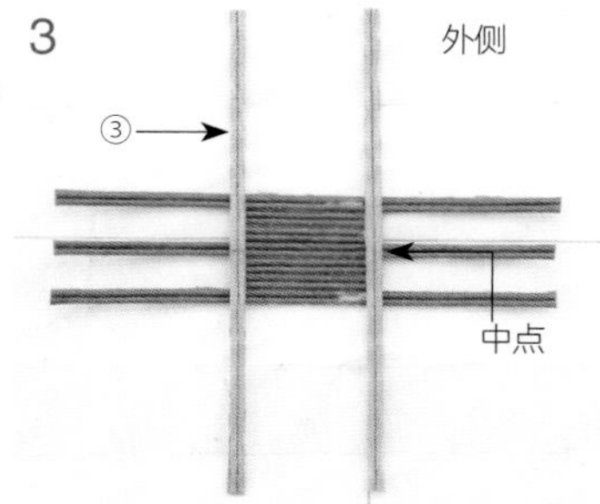
3
外侧
③
中点

将2翻面，将③经条与中间的②纬条端部重叠并涂胶水贴合。

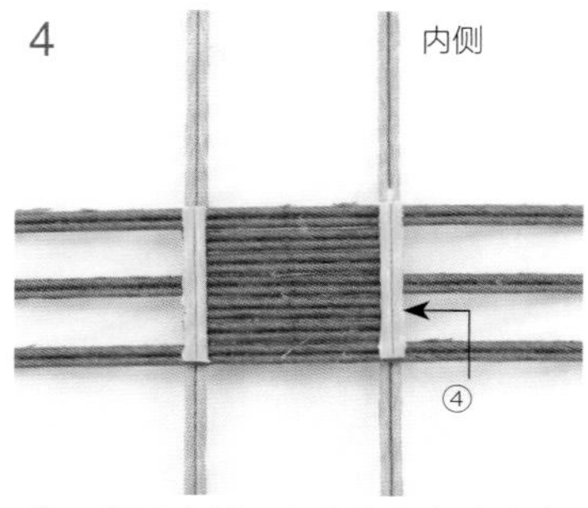
4
内侧
④

将3翻到内侧，在④编条上涂胶水固定贴合在②纬条端部。

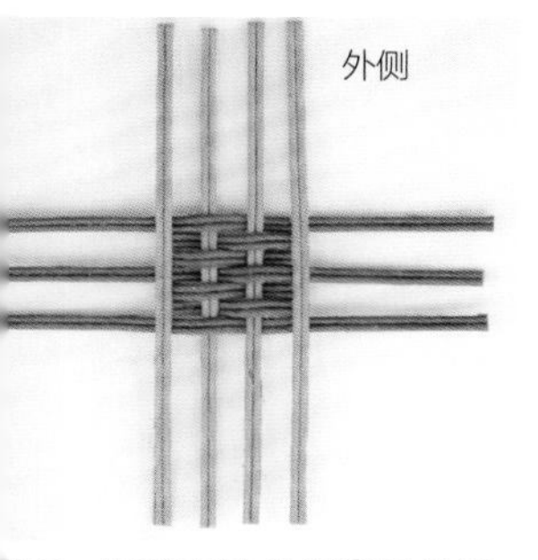
外侧

面，用剩下的2根③经条编部分，相互交替等分放置。理左右的经条和端部。

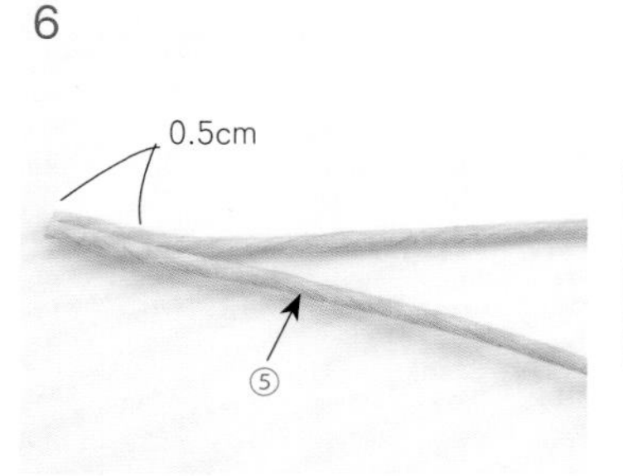
6
0.5cm
⑤

编织底部。将⑤编条端部保留2股0.5cm长度，其余部分分割成1股1根。

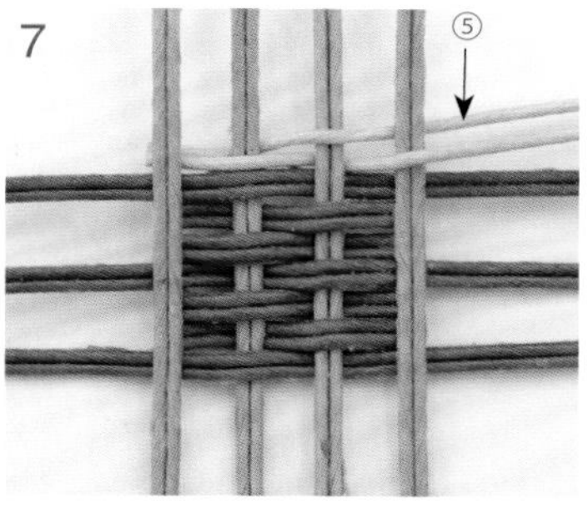
7
⑤

用⑤编条的剩余部分在底座上沿经条进行交替编织（参考 p.33），互相交错。

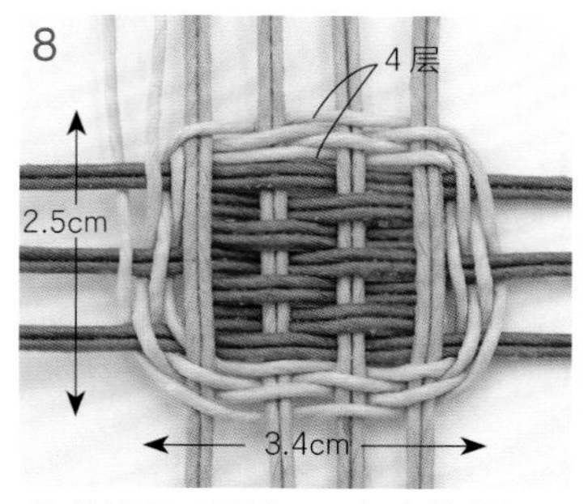
8
4层
2.5cm
3.4cm

继续进行2周（4层）交替编织，编条置于一旁。

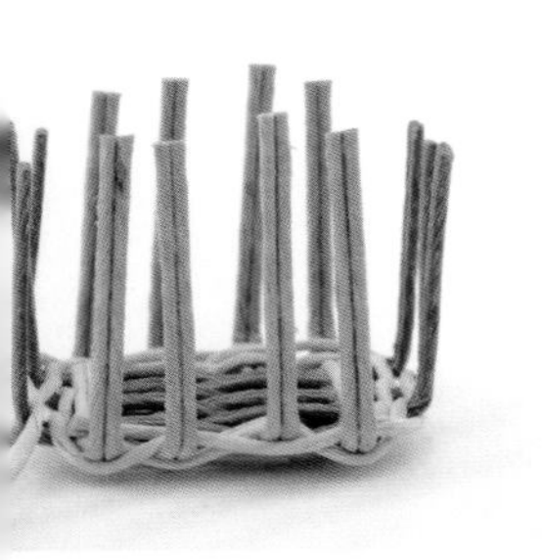

面，底部四周的编条向内弯它立起来。

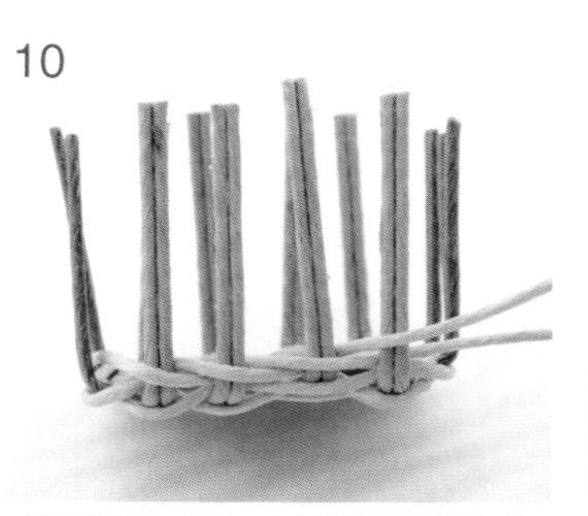
10

编织侧面。用8中的编条进行左捻编织（参考 p.34），这样垂直编完1周。

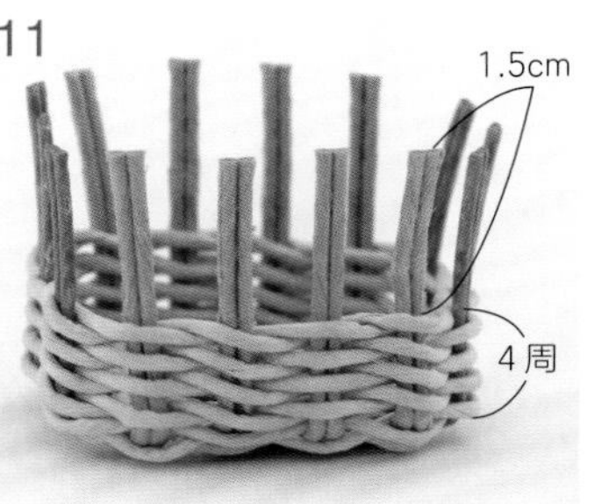
11
1.5cm
4周

接着在侧面进行左捻编织直到完成4周，纵编条保留1.5cm，多余部分剪掉。

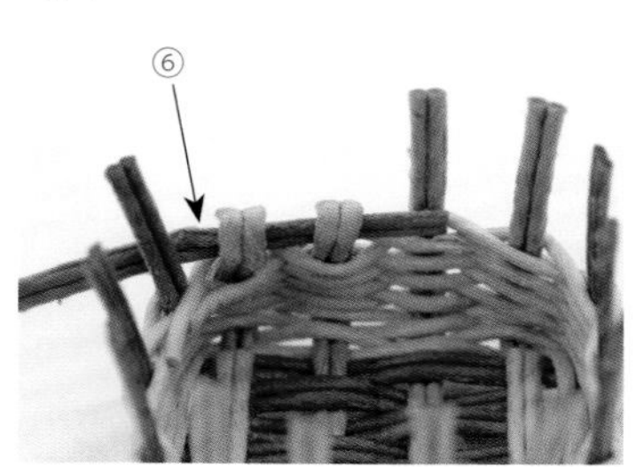
12
⑥

将⑥边缘编条绕边缘一周，使纵编条向内折压住⑥边缘编条，如图所示将端部塞进编条中。

13

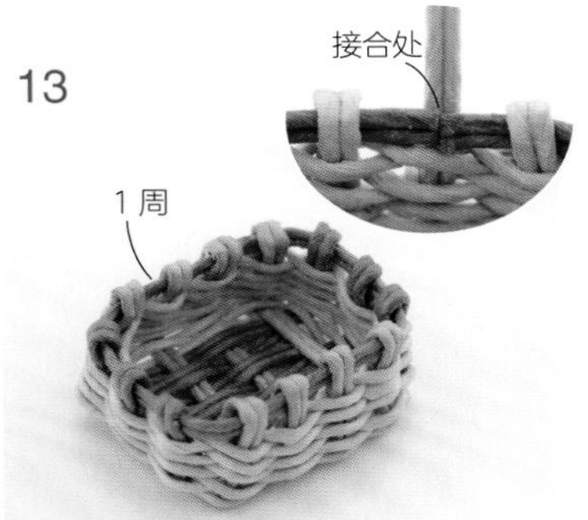
接合处
1 周

⑥边缘编条被固定 1 周，端部接合，剪去多余部分并涂胶水固定，将经纬条弯折盖住接合处。

14

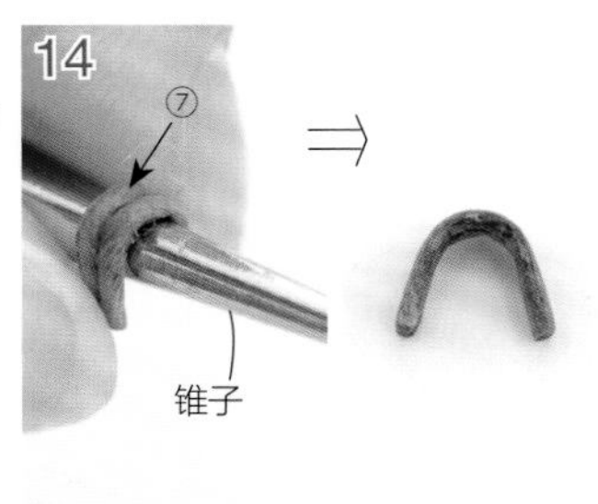
⑦
⇒
锥子

用锥子将⑦提手编条卷成 U 字形。

15

⑦

接着，在端部涂胶水。如图所示塞进相同的编条中固定。

16

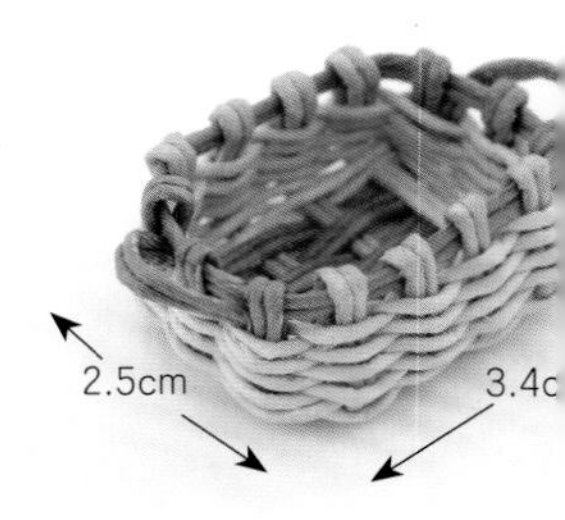
2.5cm
3.4c

安上另一边的提手，完成。
尺寸 / 约1.2cm × 3.4cm × 2.

＊作品 34 的制作方法

（为便于解说，改变了配色。）

1

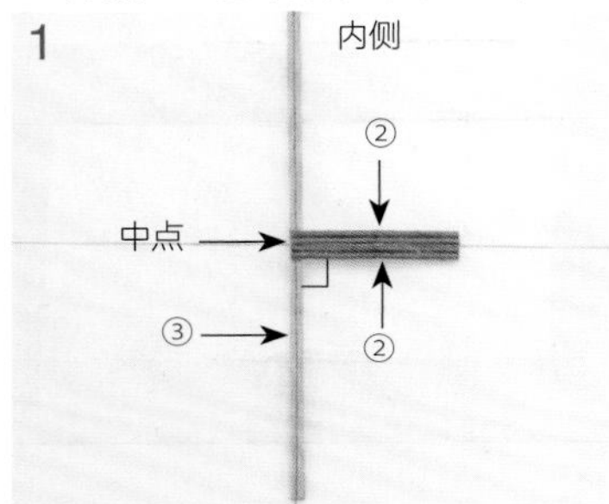
内侧
②
中点
③
②

制作底座。在③经条的中点放置 2 根②纬条，左侧重合呈直角贴合。

2

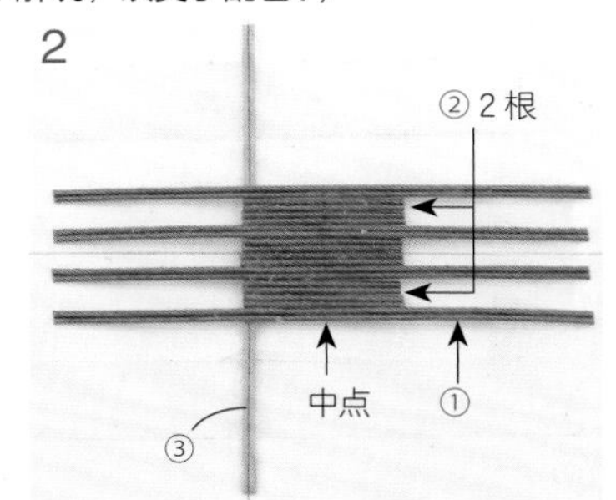
② 2 根
中点
①
③

在 1 的上下方分别放置 1 根①纬条，2 根②纬条，如图所示将每根①纬条的中点与③经条重叠贴合。

3 外侧

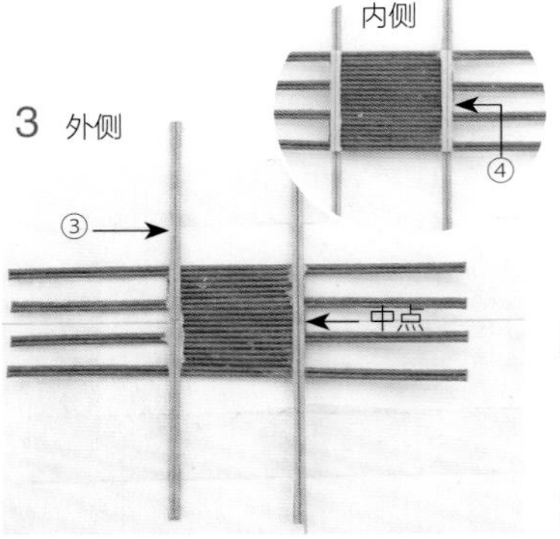
内侧
④
③
中点

将 2 翻面，将③经条与中间的②纬条端部重叠并涂胶水贴合，接着在④编条上涂胶水固定贴合在②纬条端部。

4

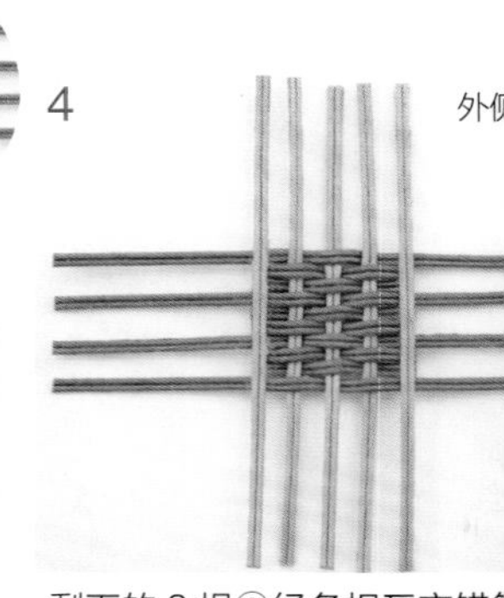
外侧

剩下的 3 根③经条相互交错等置，调整左右的经条和端部。

5

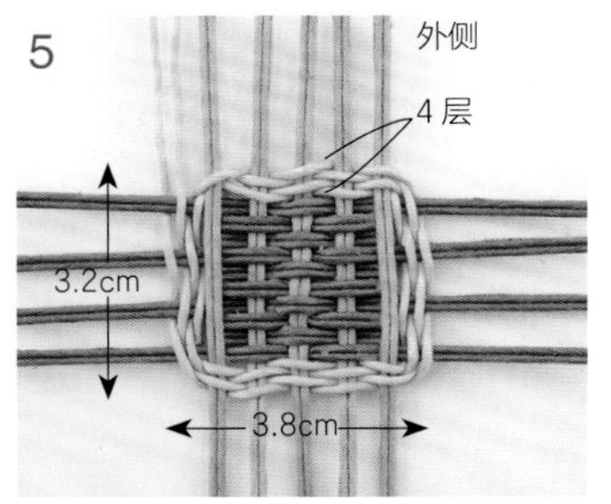
外侧
4 层
3.2cm
3.8cm

底部按照作品 **35**（p.63）的 6 ～ 8 进行编织，共编 2 周（4 层）。

6

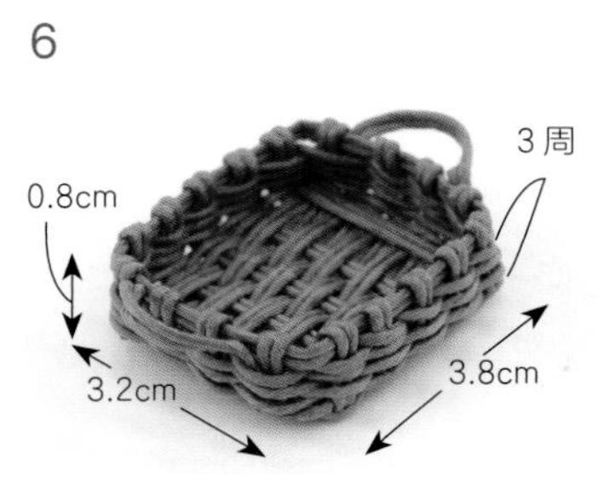
3 周
0.8cm
3.2cm
3.8cm

接着，按照作品 **35** 的 9 ～ 16 进行提手的制作，将 2 根 1 组的纵编条塞进编条中。完成。
尺寸 / 约 3.2cm × 3.8cm × 0.8cm。

＊作品 33

1

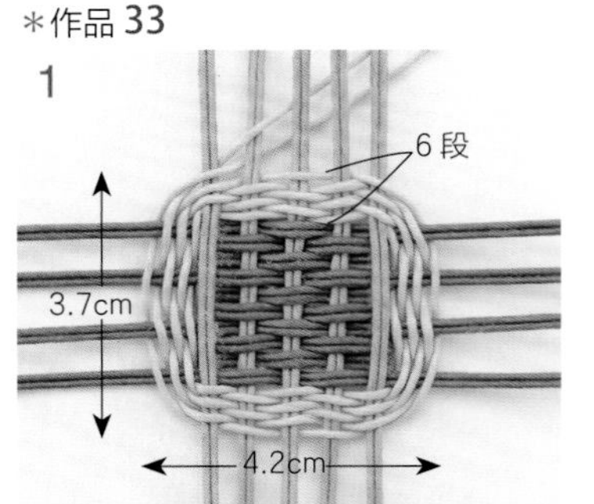
6 段
3.7cm
4.2cm

与作品 **34** 一样制作底座，底部按照作品 **35**（p.63）的 6 ～ 8 进行 3 周（共 6 层）编织。

2

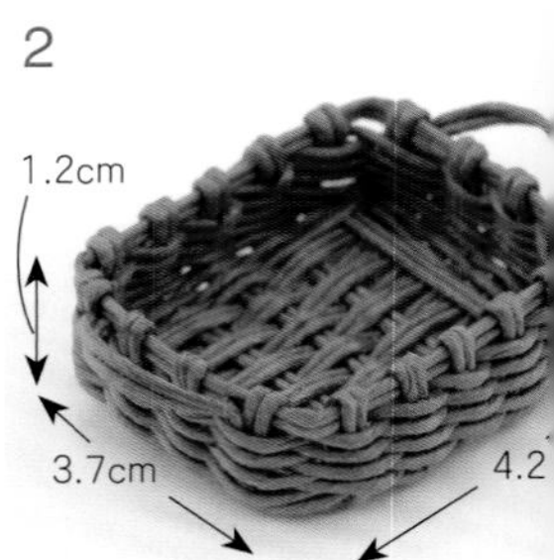
1.2cm
3.7cm
4.2

接着，按照作品 **35** 的 9 ～ 行提手的制作，将 2 根 1 组的条塞进编条中。完成。
尺寸 / 约3.7cm × 4.2cm × 1.

36～38 收纳筐 p.20

材料 Hamanaka 纸藤（5m 卷）

36（小）淡黄色（13）80cm、栗色（14）10cm

37（中）淡黄色（13）100cm、栗色（14）10cm

38（大）淡黄色（13）140cm、栗色（14）10cm

工具 参考 p.32

完成尺寸 参考图片

36 编条分割股数（参考裁剪图）

纬条	淡黄色 / 2 股	10cm，3 根
纬条	淡黄色 / 2 股	2.4cm，4 根
经条	淡黄色 / 2 股	10cm，4 根
编条	淡黄色 / 2 股	1.6cm，2 根
编条	淡黄色 / 2 股	80cm，1 根
边缘编条	淡黄色 / 2 股	11cm，1 根
把手编条	栗色 / 2 股	1.6cm，1 根

37 编条分割股数

纬条	淡黄色 / 2 股	10cm，3 根
纬条	淡黄色 / 2 股	2.4cm，4 根
经条	淡黄色 / 2 股	10cm，4 根
编条	淡黄色 / 2 股	1.6cm，2 根
编条	淡黄色 / 2 股	100cm，1 根
边缘编条	淡黄色 / 2 股	11cm，1 根
把手编条	栗色 / 2 股	1.6cm，1 根

38 编条分割股数

纬条	淡黄色 / 2 股	10cm，3 根
纬条	淡黄色 / 2 股	2.4cm，4 根
经条	淡黄色 / 2 股	10cm，4 根
编条	淡黄色 / 2 股	1.6cm，2 根
编条	淡黄色 / 2 股	140cm，1 根
边缘编条	淡黄色 / 2 股	11cm，1 根
把手编条	栗色 / 2 股	1.6cm，1 根

＊纸藤裁剪图

36（小）淡黄色

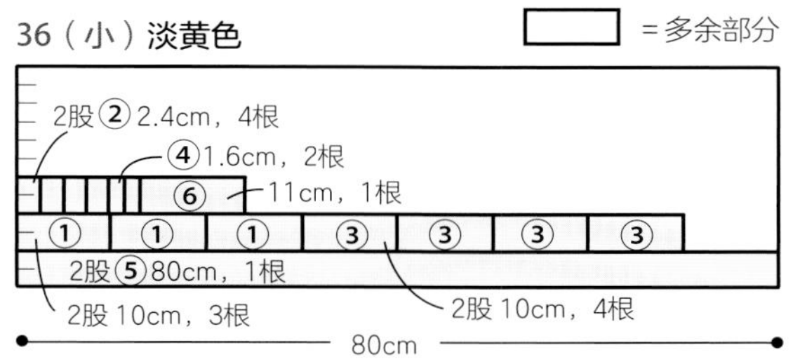

=多余部分
2股②2.4cm，4根
④1.6cm，2根
⑥
11cm，1根
① ① ① ③ ③ ③ ③
2股⑤80cm，1根
2股 10cm，3根
2股 10cm，4根
80cm

36~38 栗色

⑦
2股
1.6cm×1根
10cm

37（中）淡黄色

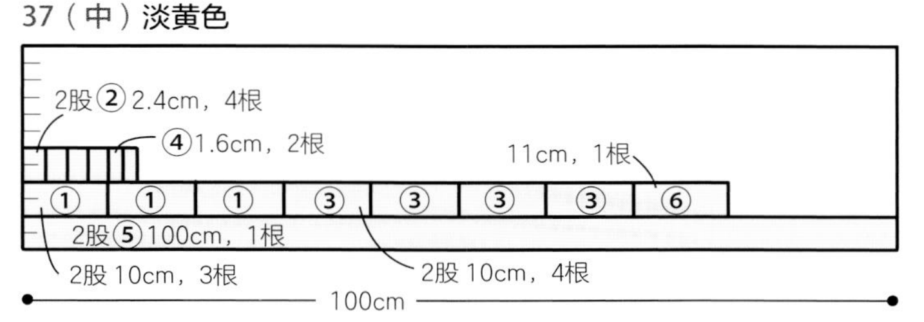

2股②2.4cm，4根
④1.6cm，2根
11cm，1根
① ① ① ③ ③ ③ ③ ⑥
2股⑤100cm，1根
2股 10cm，3根
2股 10cm，4根
100cm

38（大）淡黄色

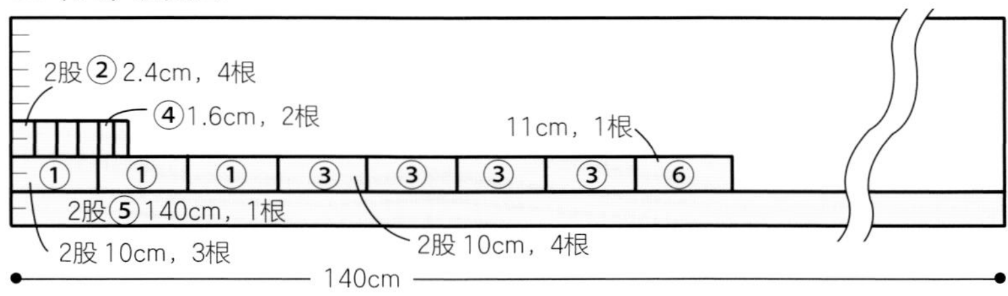

2股②2.4cm，4根
④1.6cm，2根
11cm，1根
① ① ① ③ ③ ③ ③ ⑥
2股⑤140cm，1根
2股 10cm，3根
2股 10cm，4根
140cm

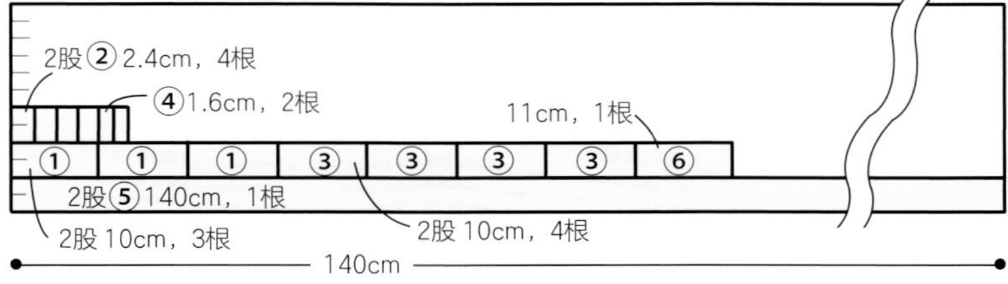

品 36 的制作方法 （为便于解说，改变了配色。）

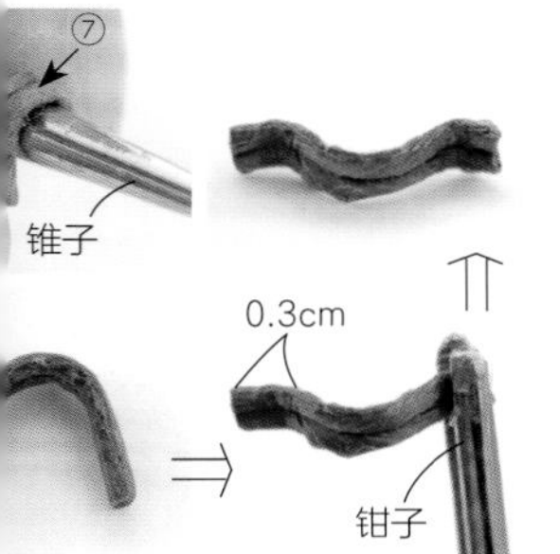

⑦
锥子
0.3cm
钳子

底面和侧面的制作方法与作（p.63，p.64）的 1～13 相⑦把手编条用锥子和钳子调手的形状。

2

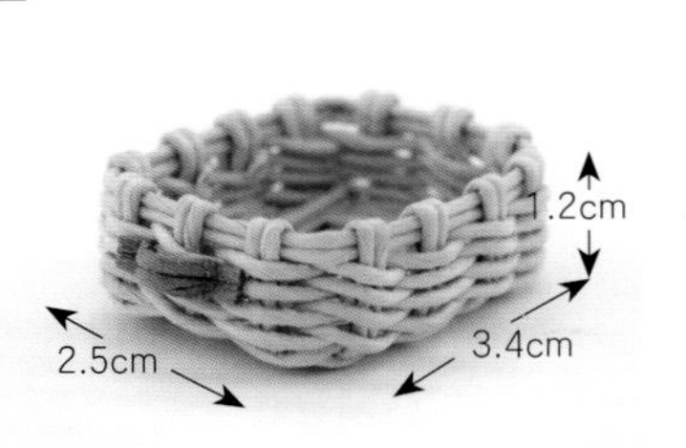

1.2cm
2.5cm
3.4cm

将 1 中把手的两端涂胶水固定在侧面第 1 周编条的下方，作品 36 完成。尺寸 / 约 2.5cm×3.4cm×1.2cm。

＊作品 37

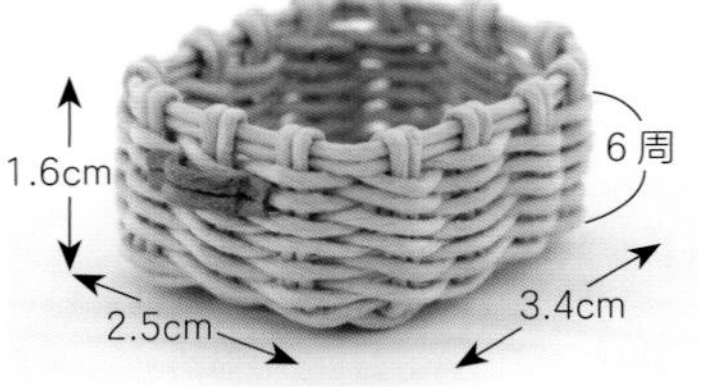

1.6cm
6 周
2.5cm
3.4cm

底座和底面的制作方法与作品 36 相同，侧面编 6 周，使其更深。完成。尺寸 / 约2.5cm×3.4cm×1.6cm。

＊作品 38

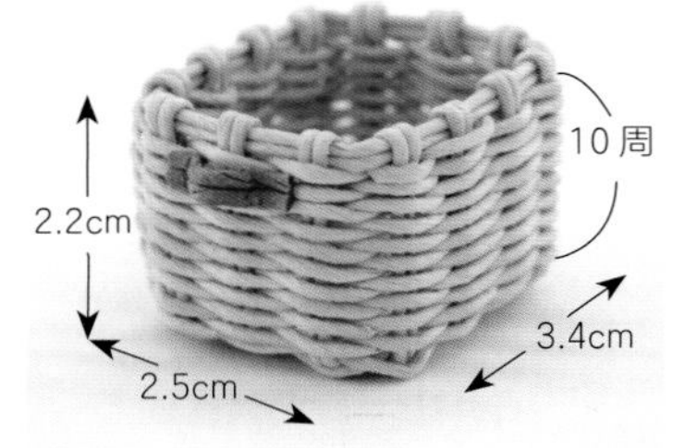

10 周
2.2cm
3.4cm
2.5cm

底座和底面的制作方法与作品 36 相同，侧面编 10 周，使其更深。完成。尺寸 / 约2.5cm×3.4cm×2.2cm。

39、40 长柄野餐篮 ××××××××××××××× p.21

＊**材料**　Hamanaka 纸藤（5m 卷）

39 米色（1）80cm
　粉蓝色（18）20cm

40 米色（1）80cm
　柿色（21）20cm

＊**工具**　参考 p.32

＊**完成尺寸**　参考图片

＊**编条分割股数**（参考裁剪图）

①纬条	39 米色	40 米色	/ 2 股	10cm，3 根
②纬条	39 米色	40 米色	/ 2 股	2.4cm，4 根
③经条	39 米色	40 米色	/ 2 股	10cm，4 根
④编条	39 米色	40 米色	/ 2 股	1.6cm，2 根
⑤编条	39 米色	40 米色	/ 2 股	80cm，1 根
⑥编条	39 米色	40 米色	/ 2 股	20cm，1 根
⑦边缘编条	39 米色	40 米色	/ 2 股	11cm，1 根
⑧提手芯绳	39 米色	40 米色	/ 2 股	9cm，1 根
⑨提手卷绳	39 米色	40 米色	/ 2 股	40cm，1 根

＊纸藤裁剪图

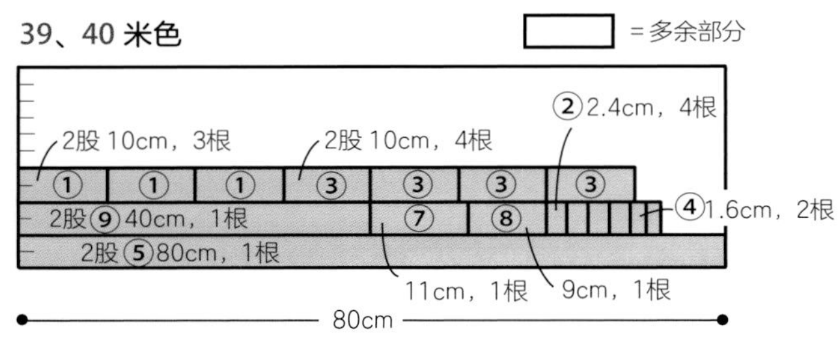

39、40 米色
= 多余部分
2股 10cm，3根
2股 10cm，4根
②2.4cm，4根
① ① ① ③ ③ ③ ③
2股⑨40cm，1根
⑦ ⑧
④1.6cm，2根
2股⑤80cm，1根
11cm，1根
9cm，1根
80cm

39 粉蓝色
40 柿色

2股 ⑥
20cm，1根
20cm

＊制作方法　（为便于解说，改变了配色。）

1

⑤
2 周

底座和底面的制作方法与作品 35（p.63）的 1 ～ 9 相同，侧面用左捻编法（参考 p.34）编 2 周。

2

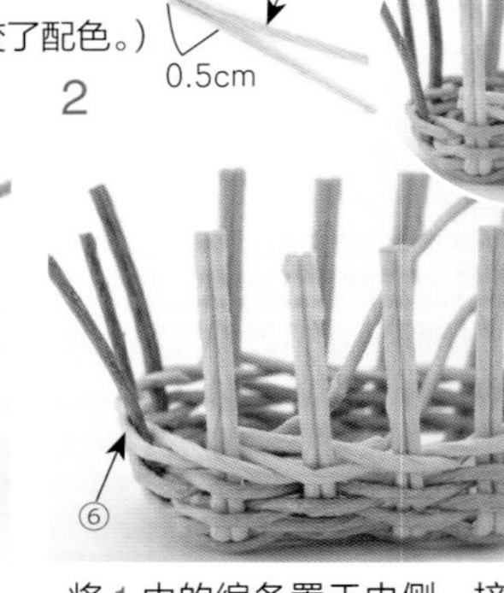

⑥
0.5cm
⑥

将 1 中的编条置于内侧。接
编条端部保留 0.5cm，其余
割成 1 股 1 根，沿着第 2 根
进行左捻编 1 周，整理端部。

3

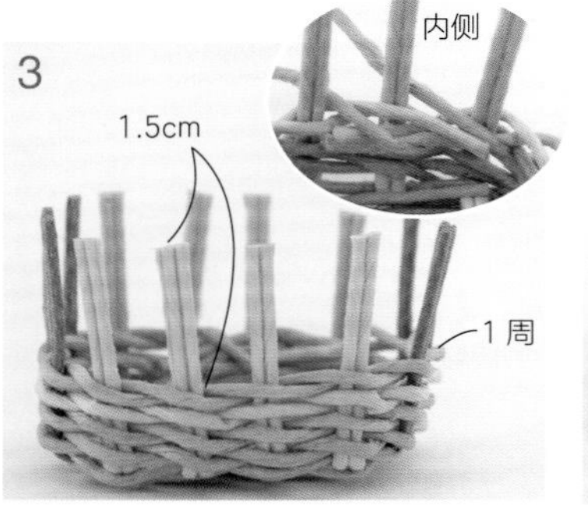

内侧
1.5cm
1 周

接着，将 2 中置于内侧的编条如图拉出，接着第 4 周再编 1 周，整理端部。然后留下 1.5cm 长的纵编条，多余部分剪去。

4

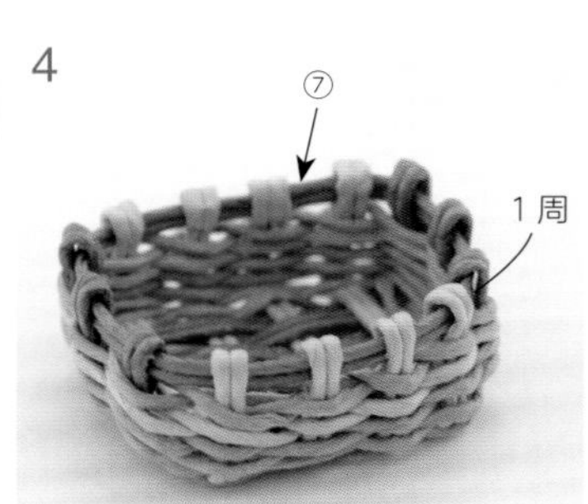

⑦
1 周

边缘的处理用⑦边缘编条，参考作品 35（p.63，p.64）的 12、13 编 1 层。

5

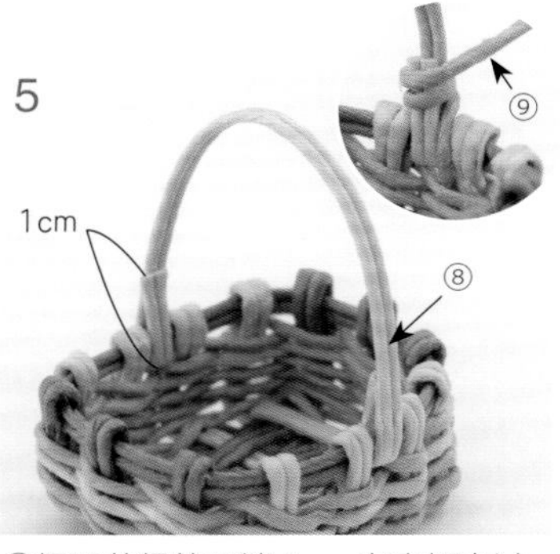

⑨
1cm
⑧

⑧提手芯绳的两端 1cm 向内折穿过边缘编绳的下方做出弧度，⑨提手卷绳绳端涂胶水，从根部开始缠绕。

6

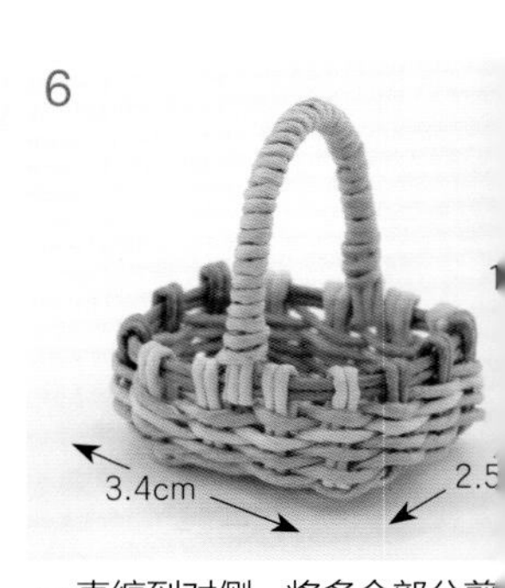

3.4cm
2.5

一直缠到对侧，将多余部分剪
端涂胶水穿过内侧编条固定。
尺寸 / 约 1.2cm × 3.4cm × 2

41、42 旅行箱 ×××××××××××××××× p.22

材料 Hamanaka 纸藤（5m 卷）
1 芥末绿（24）100cm
 深棕色（15）10cm
2 栗色（14）100cm
其他 41、42 布
cm × 12cm（使用斜裁布）
1 提手用 0.5cm × 15cm
 丝带 0.5cm × 8cm
2 丝带 0.5cm × 8cm
工具 参考 p.32
完成尺寸 参考图片

＊编条分割股数（参考裁剪图）

编条	41	42	股数	尺寸、根数
①纬条（箱体、箱盖）	41 芥末绿	42 栗色	2 股	10cm，8 根
②纬条（箱体、箱盖）	41 芥末绿	42 栗色	2 股	3cm，12 根
③经条（箱体、箱盖）	41 芥末绿	42 栗色	2 股	10cm，10 根
④编条（箱体、箱盖）	41 芥末绿	42 栗色	2 股	2.4cm，4 根
⑤编条（箱体、箱盖）	41 芥末绿	42 栗色	2 股	80cm，2 根
⑥内外边缘编条（箱体、箱盖）	41 芥末绿	42 栗色	3 股	14cm，4 根
⑦边缘加固编条（箱体、箱盖）	41 芥末绿	42 栗色	1 股	14cm，2 根
⑧提手芯绳	41 芥末绿	42 栗色	2 股	3.4cm，1 根
⑨提手卷绳	41 芥末绿	42 栗色	1 股	20cm，1 根
⑩连接绳	41 芥末绿	42 栗色	3 股	1cm，2 根
⑪箱带绳	41 深棕色	42 栗色	3 股	3.8cm，1 根
⑫箱带固定绳	41 深棕色	42 栗色	2 股	1.7cm，1 根

＊纸藤裁剪图

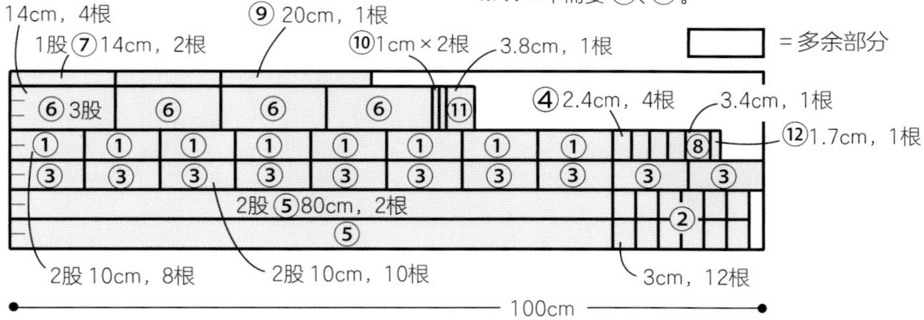

41 芥末绿、42 栗色
※41＝不需要⑪、⑫。
14cm，4根
1股⑦14cm，2根
⑨ 20cm，1根
⑩1cm × 2根
3.8cm，1根
＝多余部分
⑥3股
④2.4cm，4根
3.4cm，1根
⑫1.7cm，1根
2股⑤80cm，2根
2股 10cm，8根
2股 10cm，10根
3cm，12根
100cm

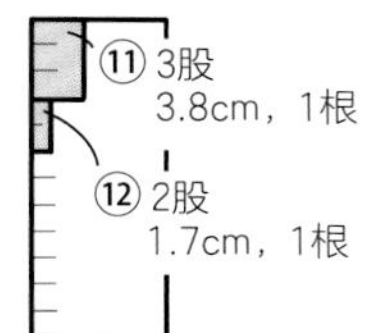

41 深棕色
⑪ 3股
3.8cm，1根
⑫ 2股
1.7cm，1根
10cm
※42＝不需要⑪、⑫。

品 41 的制作方法（为便于解说，改变了配色。）
与箱盖制作方法相同。

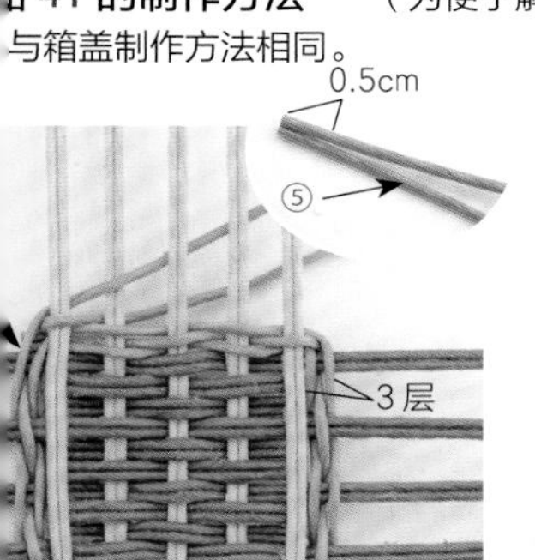

0.5cm
⑤
3层

照作品 34（p.64）的 1～4 进 ，底部按照作品 35（p.63）的 行制作，交替编织 1 周半（3 条置于一旁。

2

将 1 翻面，底部四周的编条向内弯折，使它立起来。

3

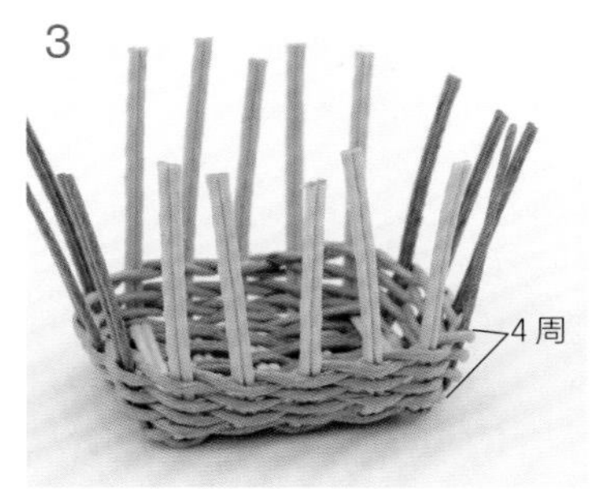

4 周

编织侧面。用 1 中的编条进行左捻编（参考 p.34），共编 4 周，整理编条端部。

4

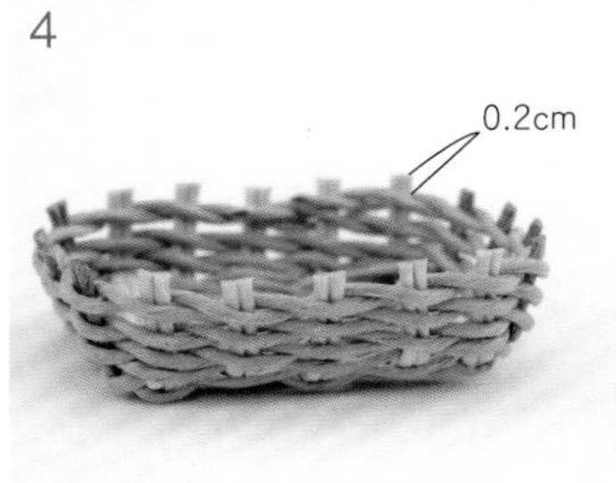

0.2cm

将纵编条保留 0.2cm，多余部分剪去。

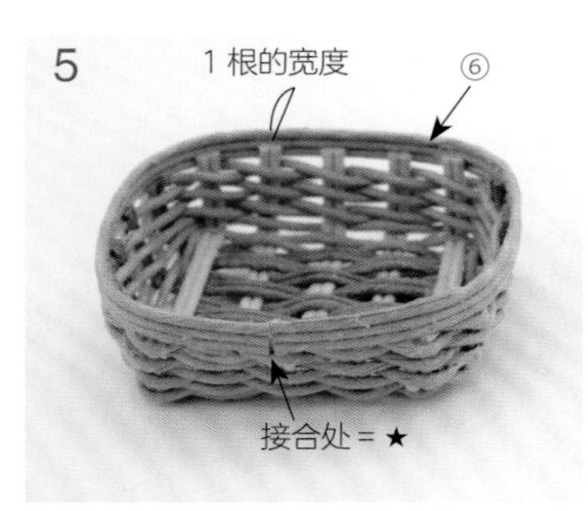
5
1 根的宽度
⑥
接合处 = ★

处理边缘。在⑥外边缘编条上涂胶水，在侧面中间（★）贴合 1 周，端部接合。

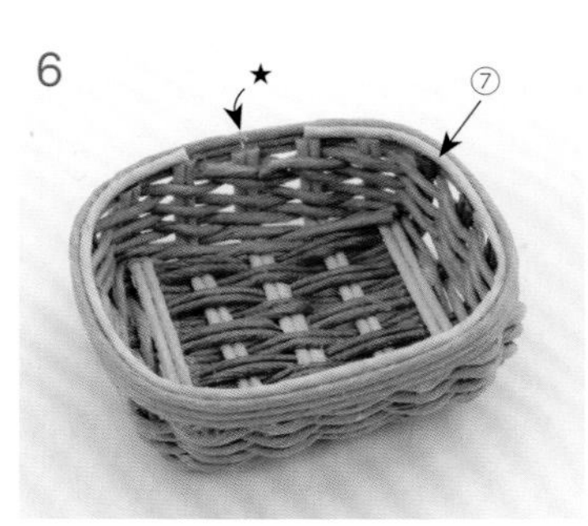
6
★
⑦

在⑦边缘加固编条上涂胶水，沿着 5 中的★左右各隔一根纵编条的位置进行贴合，多余部分剪去。

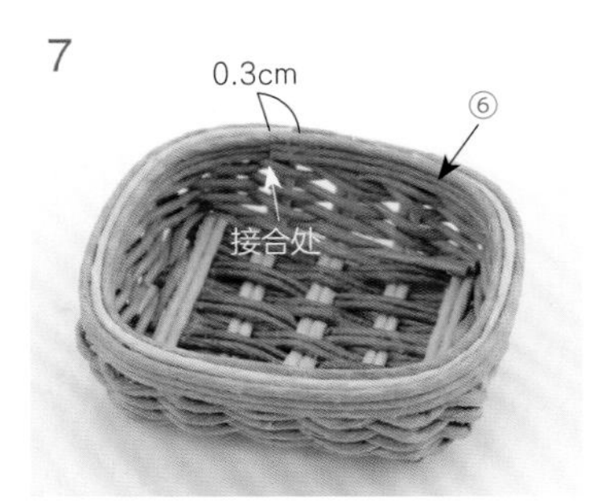
7
0.3cm
⑥
接合处

沿着 6 中⑦的绳端贴合⑥内边缘编条，如图移位 0.3cm 贴合 1 周并接合。这样制作 2 个，就是箱体和箱盖。

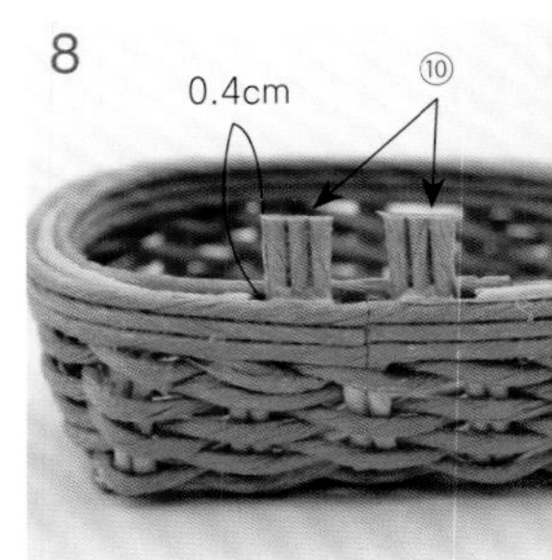
8
0.4cm
⑩

盖子上在 10 连接绳上涂胶水，
6 中的开口处，2 根纵编条间
根并固定，留出 0.4cm，其余

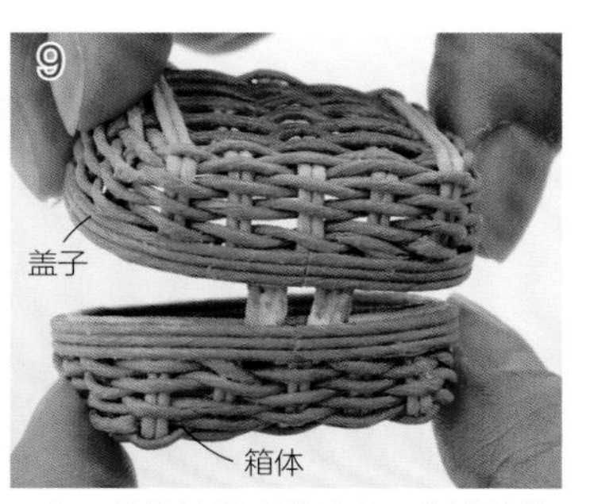
9
盖子
箱体

在 8 的连接绳中涂胶水，塞进箱体缝隙中，组合盖子和箱体。

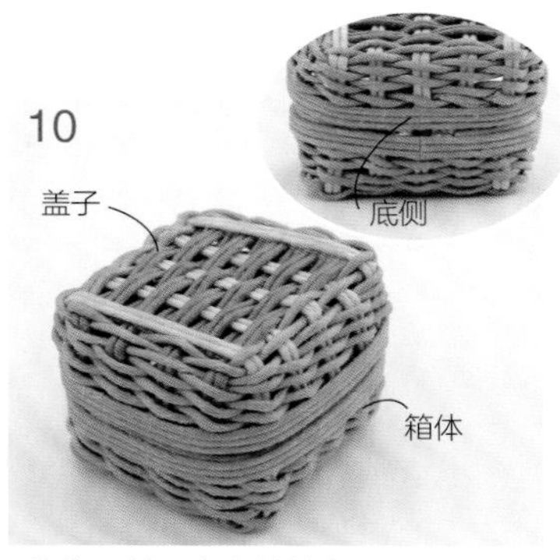
10
盖子
底侧
箱体

箱体和盖子合上的状态。

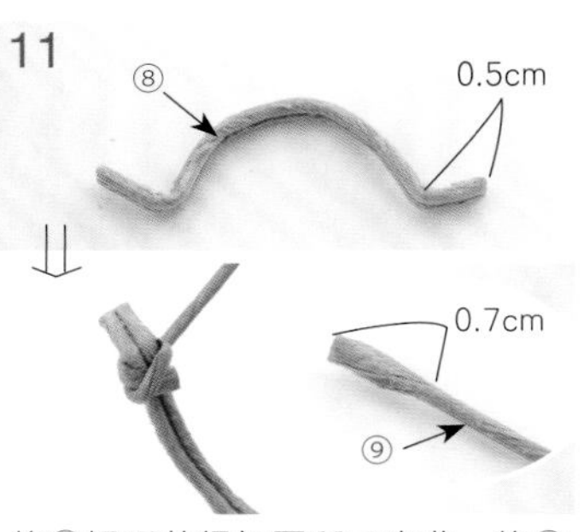
11
⑧
0.5cm
0.7cm
⑨

将⑧提手芯绳如图所示弯曲，将⑨提手卷绳的端部稍微拉平，再缠绕在提手芯绳上。

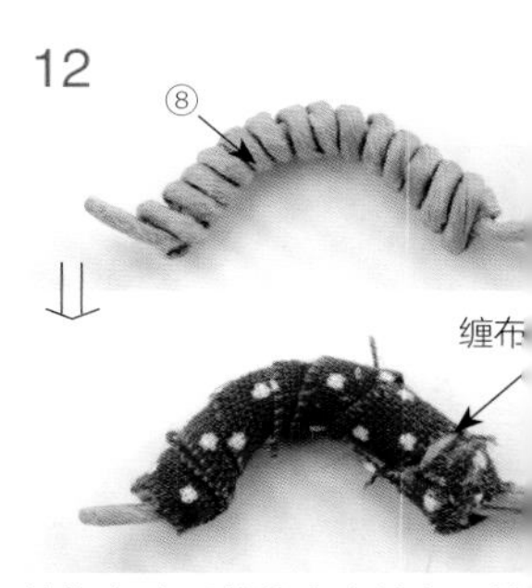
12
⑧
缠布

缠绕完成后剪掉多余编条，接
布上涂胶水，用布缠绕提手。

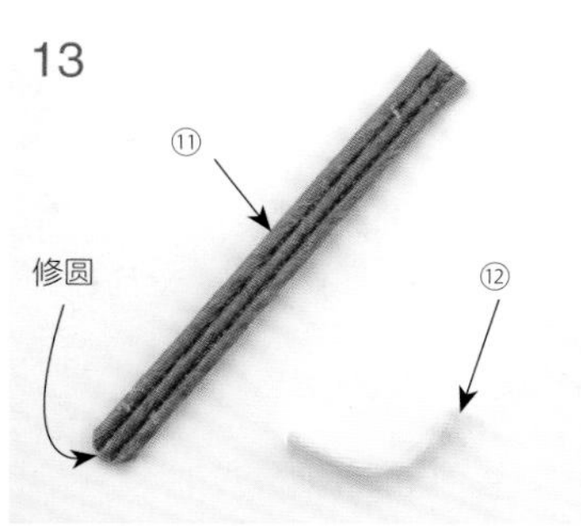
13
⑪
修圆
⑫

制作箱带固定绳。将⑪箱带绳端部修圆，⑫箱带固定绳中间弯折。

14
提手
（安装在箱体）
箱带固定绳
（安装在箱盖）
箱带绳

提手两端涂上胶水固定，提手固定绳的两端塞进编条中固定。箱带绳的弯曲弧度刚好合适，塞进箱带固定绳，端部与提手中间部分相贴合。

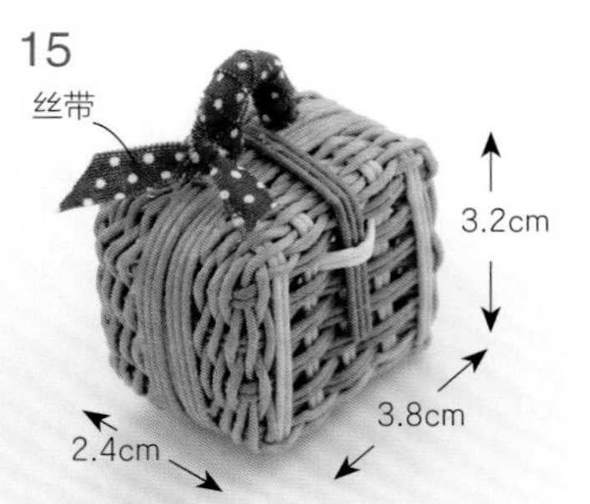
15
丝带
3.2cm
3.8cm
2.4cm

在提手上穿上丝带，打结，完成。
尺寸 / 约3.2cm×3.8cm×2.4cm。

＊作品 **42**

与作品 **41** 制作方法相同，只
手上不缠布，直接用丝带打结
考 p.57）装饰。尺寸相同。

43、44 多用途箱 × × × × × × × × × × × × × × × × × p.24

Hamanaka 纸藤（5m 卷）
黄色（13）160cm
白（10）160cm
色（18）20cm
43、44 布
20cm（使用斜裁布）
边缘用 0.4cm × 15cm
丝带 0.8cm × 8cm
用 0.4cm × 15cm
参考 p.32
尺寸 参考图片

＊编条分割股数（参考裁剪图）

编条	43	44	股数	长度、根数
①纬条（箱体、箱盖）	43 淡黄色	44 奶油白	/ 2 股	11cm，8 根
②纬条（箱体、箱盖）	43 淡黄色	44 奶油白	/ 2 股	3cm，12 根
③经条（箱体、箱盖）	43 淡黄色	44 奶油白	/ 2 股	11cm，10 根
④编条（箱体、箱盖）	43 淡黄色	44 奶油白	/ 2 股	2.4cm，4 根
⑤编条（箱体、箱盖）	43 淡黄色	44 奶油白	/ 2 股	80m，1 根（箱盖）
	43 淡黄色	44 奶油白	/ 2 股	160cm，1 根（箱体）
⑥边缘编条（箱体、箱盖）	43 淡黄色	44 奶油白	/ 3 股	14cm，4 根
⑦边缘加固编条（箱体、箱盖）	43 淡黄色	44 奶油白	/ 1 股	14cm，2 根
⑧提手芯绳	43 淡黄色	44 粉蓝色	/ 2 股	3.4cm，1 根
⑨提手卷绳	43 淡黄色	44 粉蓝色	/ 1 股	20cm，1 根
⑩连接绳	43 淡黄色	44 奶油白	/ 3 股	1cm，2 根
⑪箱带绳	43 淡黄色	44 粉蓝色	/ 3 股	1.2cm，1 根
⑫箱带固定绳	43 淡黄色	44 粉蓝色	/ 2 股	1.6cm，1 根

藤裁剪图

黄色、44 奶油白

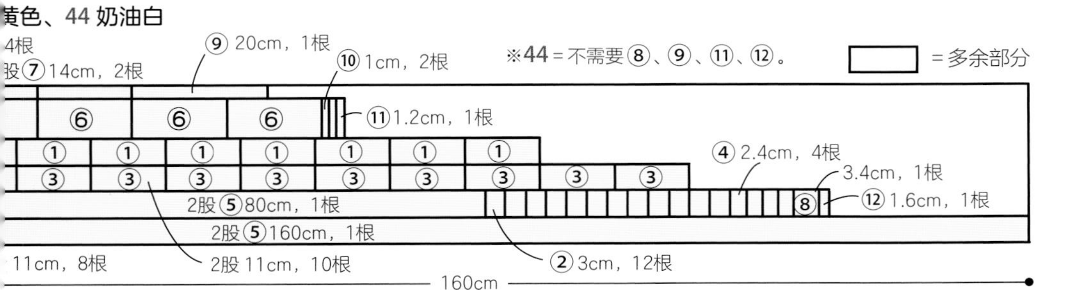

4根
股⑦14cm，2根
⑨ 20cm，1根
⑩ 1cm，2根
※44 = 不需要 ⑧、⑨、⑪、⑫。
= 多余部分
⑥
⑪1.2cm，1根
①
③
④ 2.4cm，4根
3.4cm，1根
⑫ 1.6cm，1根
⑧
2股⑤80cm，1根
2股⑤160cm，1根
11cm，8根
2股 11cm，10根
②3cm，12根
160cm

44 粉蓝色

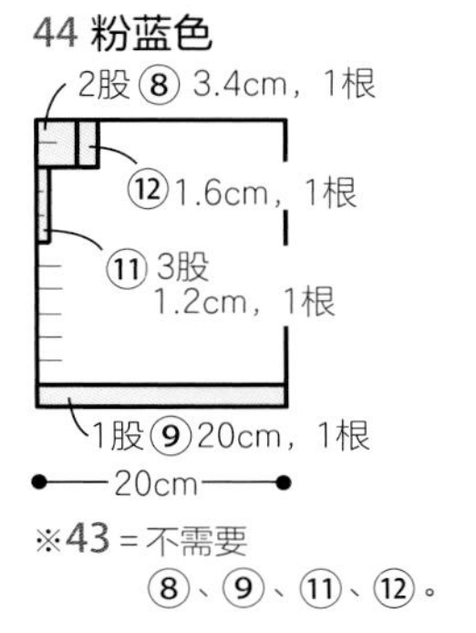

2股⑧ 3.4cm，1根
⑫1.6cm，1根
⑪ 3股
1.2cm，1根
1股⑨20cm，1根
20cm

※43 = 不需要 ⑧、⑨、⑪、⑫。

品 44 的制作方法 （为便于解说，改变了配色。）

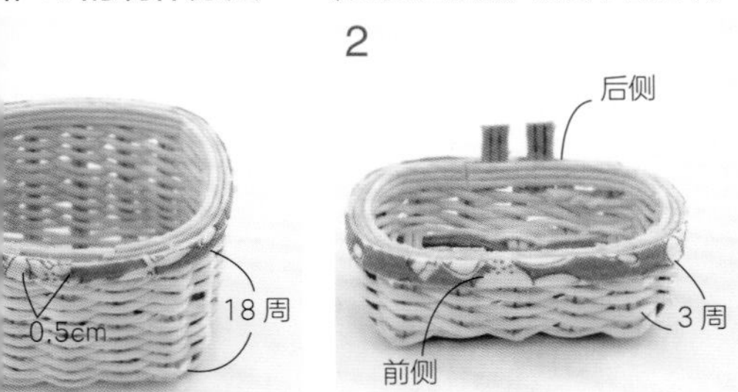

0.5cm
18 周
2
后侧
3 周
前侧

的底座和底部和作品
.67）的 1～7 制作方
，侧面编 18 周，沿
编条的边缘用布贴合
布边重合 0.5cm。

2 箱盖的底座、底部和侧面制作方法与作品 41 相同，同样如 1 将布贴合 1 周。

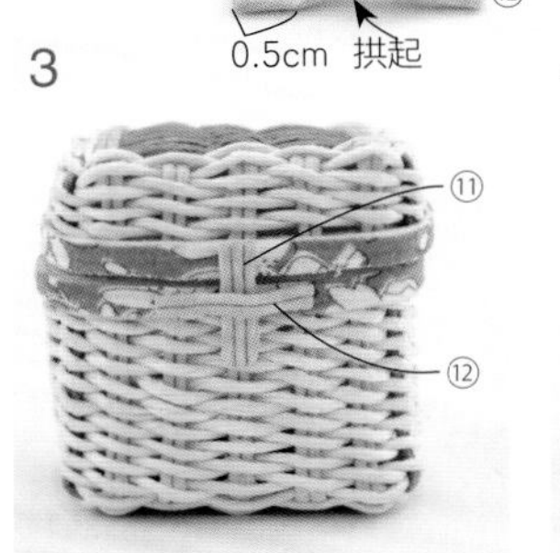

修圆
⑪
⑫
0.5cm 拱起
3
⑪
⑫

3 和作品 41 的 9 一样，将连接绳塞进箱体的凹槽中，接着固定箱带绳和固定绳。

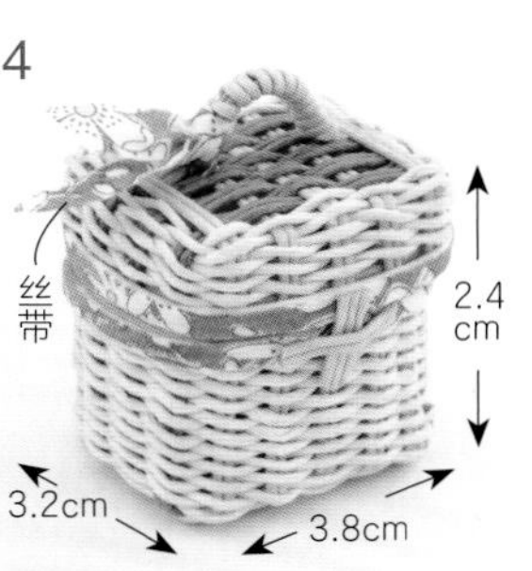

4
丝带
2.4 cm
3.2cm
3.8cm

4 和作品 41 的 11、12 一样制作提手，在两端涂胶水塞进编条，最后用丝带打结。完成。
尺寸 / 约 3.2cm × 3.8cm × 2.4cm。

＊作品 43

缠布
丝带

和作品 44 的制作方法相同，提手上缠布，尺寸一样。

45~47 烘焙篮 × × × × × × × × × × × × × × × × p.25

p.25

*材料　Hamanaka 纸藤（5m 卷）
45 米色（1）80cm
46 栗色（14）80cm
47 淡黄色（13）80cm
*工具　参考 p.32
*完成尺寸　参考图片

*编条分割股数（参考裁剪图）

①纬条	2 股	20cm，3 根
②纬条	2 股	2.4cm，4 根
③经条	2 股	20cm，4 根
④编条	2 股	1.8cm，2 根
⑤编条	2 股	70cm，1 根
⑥编条	2 股	45cm，1 根

*纸藤裁剪图

45 米色、46 栗色、47 淡黄色　□ = 多余

2股⑤70cm，1根
2股⑥45cm，1根
④1.8cm，
2股 20cm，3根
②2.4cm，4根
① ① ①
③ ③ ③ ③
2股 20cm，4根
80cm

*制作方法　（为便于解说，改变了配色。）

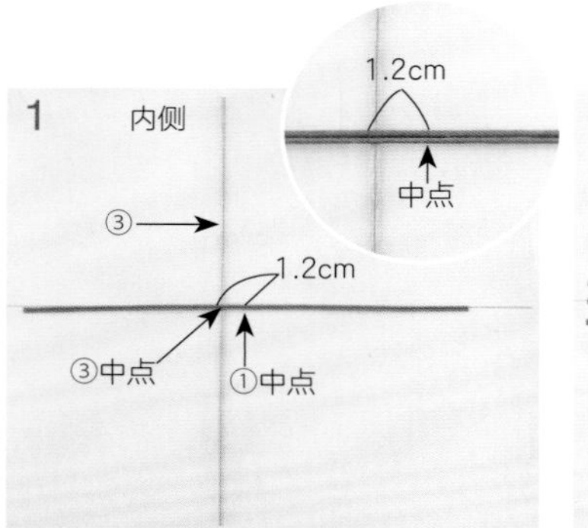

1
内侧
1.2cm
中点
③
1.2cm
③中点
①中点

制作底座，将③经条置于中间，①纬条与③经条垂直并使二者中点距离 1.2cm，贴合固定。

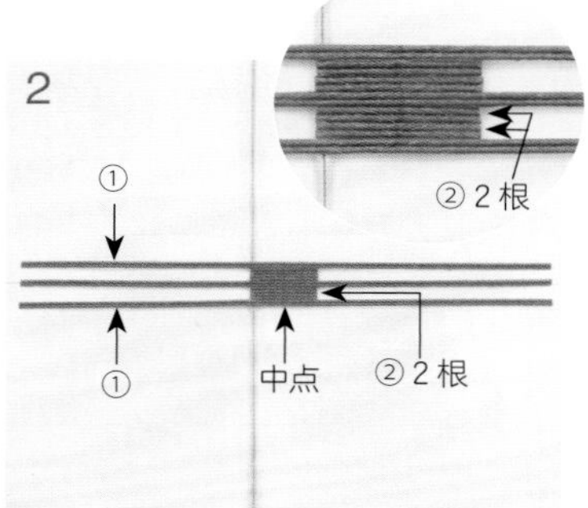

2
①
②2 根
①
中点
②2 根

在①纬条的上下分别放置 2 根②纬条，使之端部贴合③经条，接着再在上下继续贴合各 1 根①纬条。

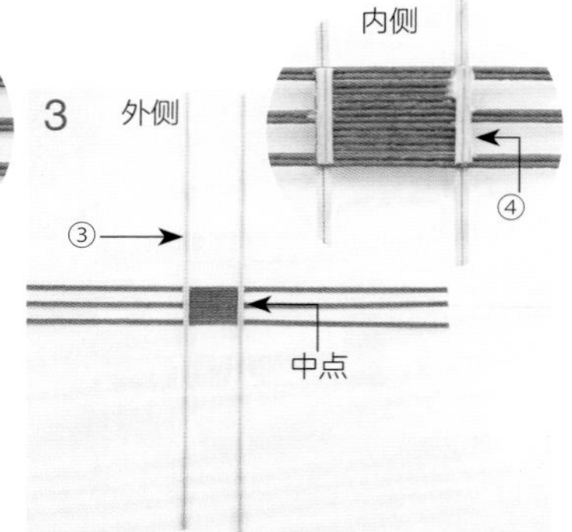

3
外侧
内侧
③
④
中点

将 2 翻面，将②纬条与③经条的中点重合涂胶水固定，接着将④编条贴合到②纬条的两端。

4

将剩下的 2 根③经条等间隔塞
座中，注意调整左右的经条和

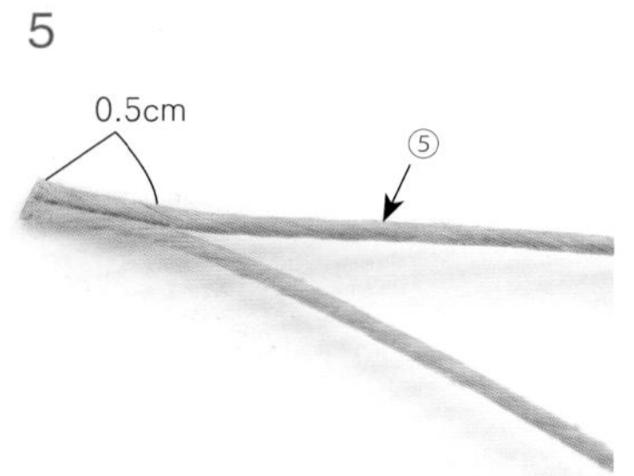

5
0.5cm
⑤

编织底面。将⑤编条的端部保留 0.5cm 后，其余部分分割成 1 股 1 根。

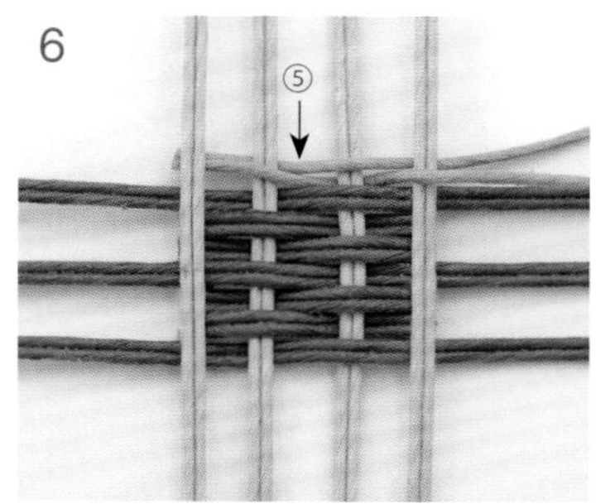

6
⑤

用⑤编条的剩余部分沿底部经条进行交替编织（参考 p.33）。

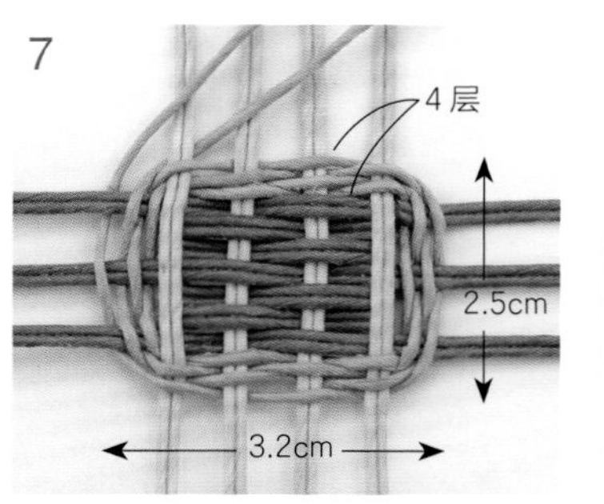

7
4 层
2.5cm
3.2cm

接着进行 2 周交替编织（4 层），编条放置一旁。

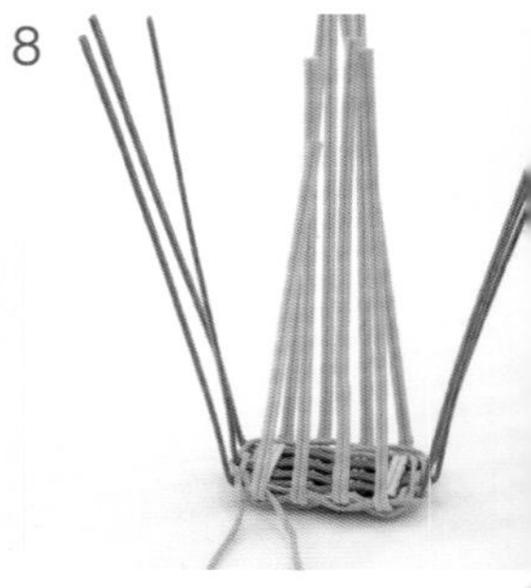

8

将 7 翻面，底部四周的编条向
折，使它立起来。

3 周

侧面。用 8 中的编条进行左捻
参考 p.34），完成 3 周后整理
。

10

将剩下的 2 股纵编条，分割成 1 股 1 根，形成 V 字形。

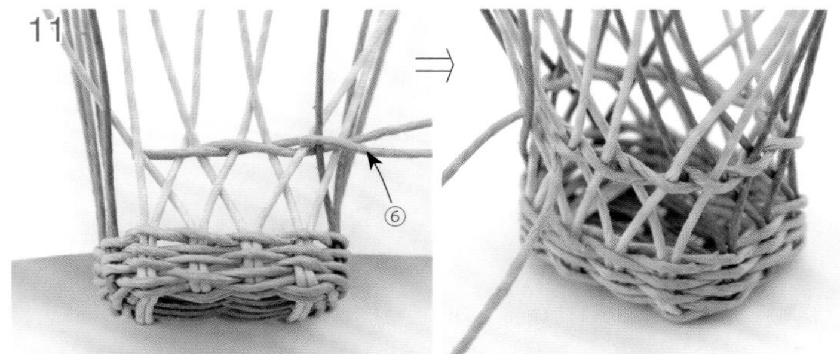
11
⑥

用 10 中的纵编条与相邻的编条交错编织，两根 1 组，用按照 6 的方法分割成 1 股的⑥编绳进行左捻编，完成 1 周。
※ 为便于看清编条，拍摄时放入了白纸。

间距为 0.8cm，2 根纵编条
组，进行左捻编第 2 周。

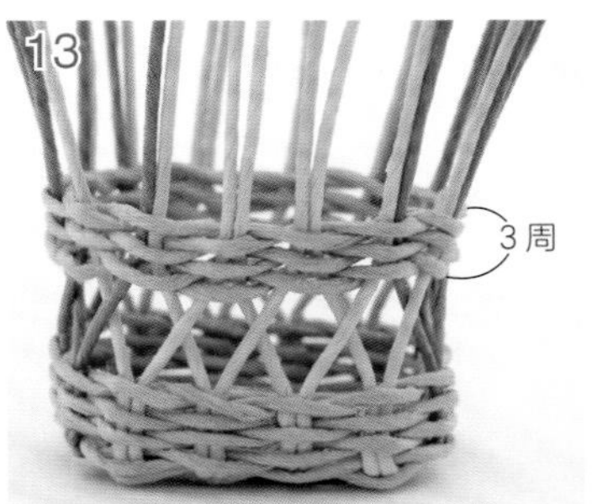
13
3 周

接着进行第 3 周左捻编，结束后整理端部。

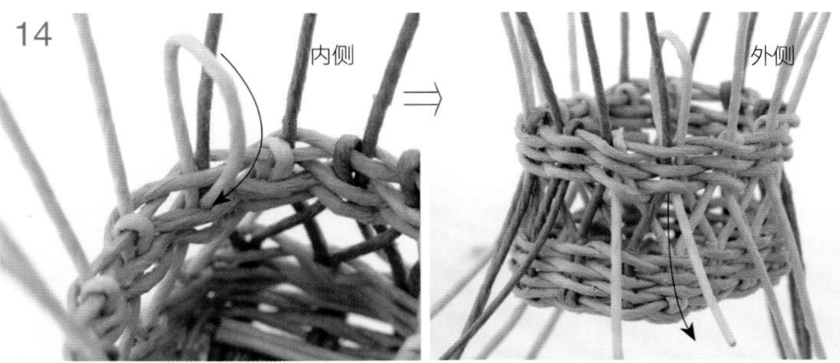
14
内侧
外侧

处理边缘。将纵编条右侧的 1 根向内折塞进第 2 层编条中，从下往外拉出。

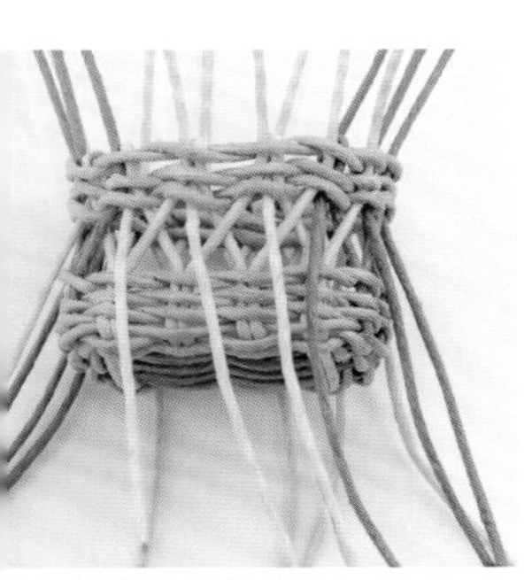

14 的方法继续将剩下的编
进下方编条，并从下往外
。

16

沿着编条边缘剪去多余部分。

17

按照 16 的方法,继续修剪多余编条。

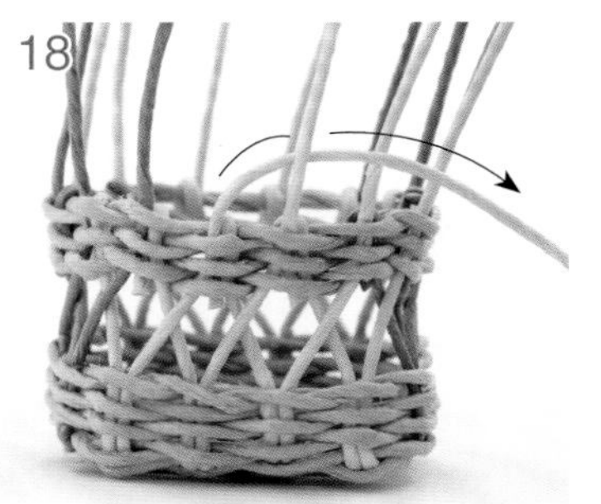
18

处理边缘。将纵编条绕过右边 1 根朝外拉出。

19

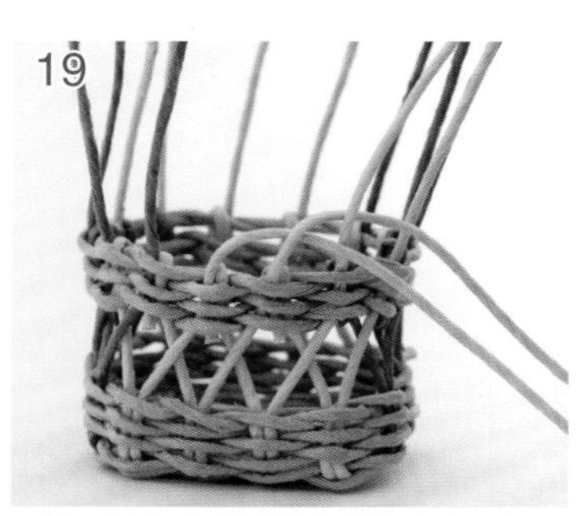

第 2 根编条穿过第 1 根的上方，挂到右边纵编条上，再向外拉出。

20

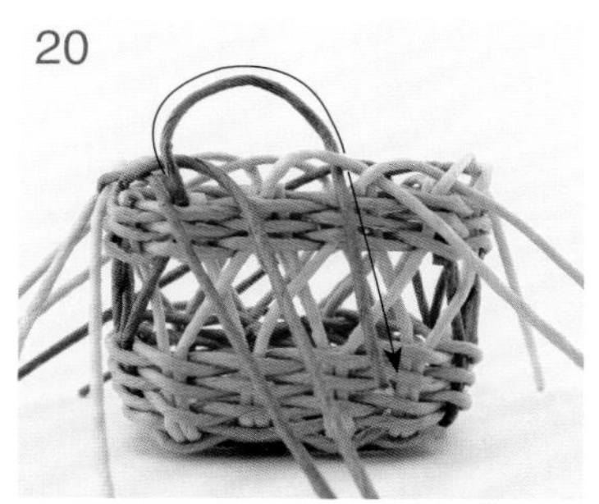

继续依次进行编织，直到最后 1 根从开始的 1 根下方从内往外穿过。

21

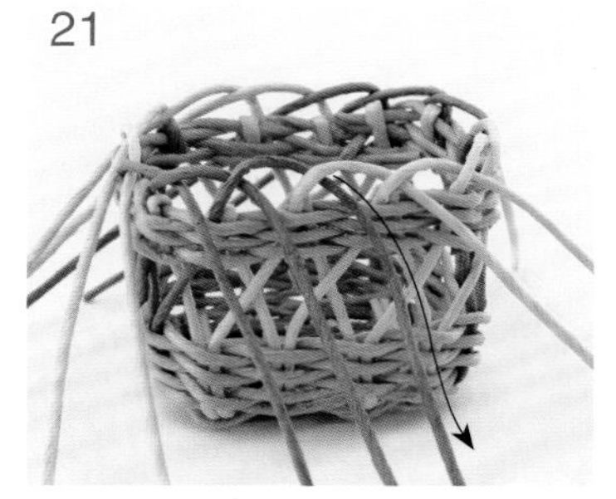

拉出所有编条的状态。

22

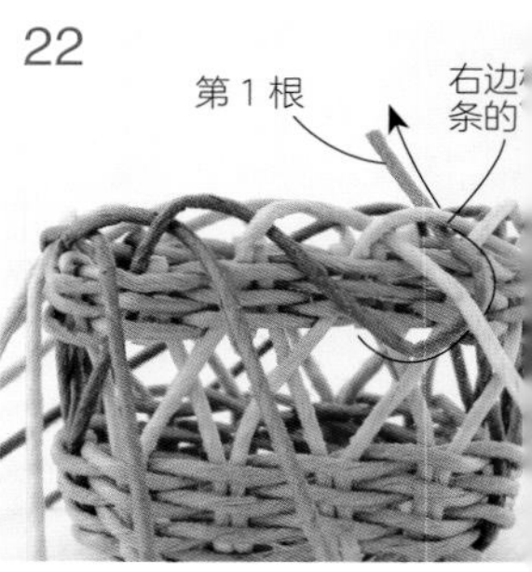

第 1 根
右边
条的

接着将拉出的第 1 根编条从
邻编条的下方穿过，向内侧拉

23

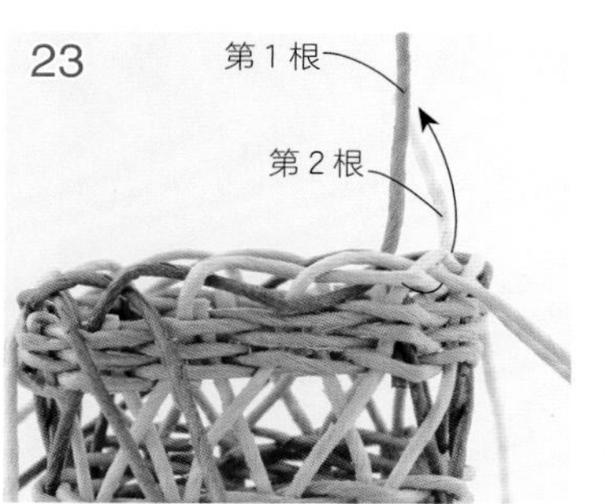

第 1 根
第 2 根

将第 2 根编条从右边相邻编条的下方穿过，向内侧拉出。

24

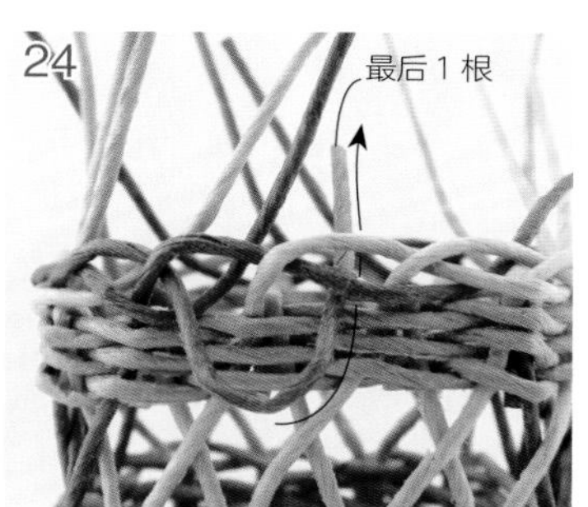

最后 1 根

重复 22、23，将所有编条向内侧拉出，最后 1 根按照箭头所示方向拉紧。

25

所有编条都穿过右边相邻编条下方的状态。

26

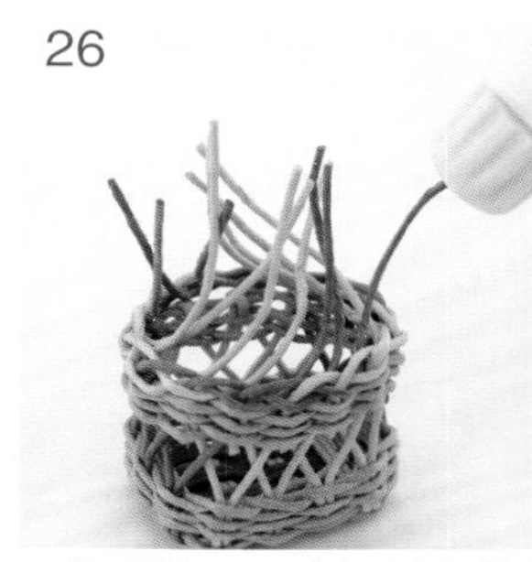

处理端部，用喷壶喷水调整形

27

一边整理一边将端部如图所示折入内侧。

28

端部留出 0.5cm，多余部分剪去。

29

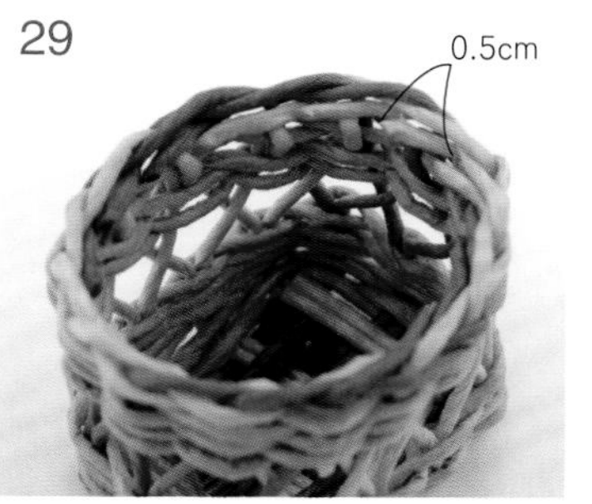

0.5cm

修剪端部后的状态。

30

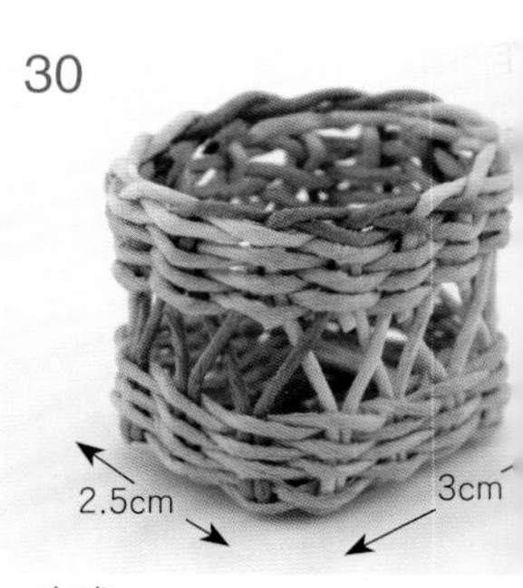

2.5cm
3cm

完成。
尺寸 / 约2.5cm × 3cm × 2.5

48、49 婴儿摇篮 ××××××××××××××××× p.26

Hamanaka 纸藤（5m 卷）
绿色（12）200cm
（22）200cm
48、49 布 10cm×10cm
平纹棉布 1 片，绒面呢 2 片）
10cm×5cm 填充棉若干
参考 p.32
尺寸 参考图片
分割股数（参考裁剪图）

2 股	15cm，3 根
2 股	3.5cm，4 根
2 股	11cm，3 根
2 股	13cm，1 根
2 股	25cm，1 根
2 股	1.7cm，2 根
2 股	200cm，1 根
1 股	30cm，1 根
1 股	70cm，1 根
1 股	30cm，1 根

＊婴儿床垫和毯子的制作方法

●婴儿床垫

①将厚纸板裁成与摇篮底部尺寸相同，接着沿轮廓内侧缩小0.3cm一周，剪下椭圆形。

平纹棉布（背面）
填充棉
厚纸板（背面）
7cm
0.5cm
0.5cm
6.5cm
②按照布、填充棉、厚纸板的顺序叠放。
③在布上进行小针距缝合。
内侧
④拉线。

●毯子

婴儿床垫
正面
1.5cm
0.3cm
2cm
将两片布上方向内折叠，下片布边缘与上片布边缘相隔0.3cm。
7.5cm
绒面呢（图案）正面
绒面呢（格纹）正面
8.5cm

藤裁剪图

绿色、49 蓝色

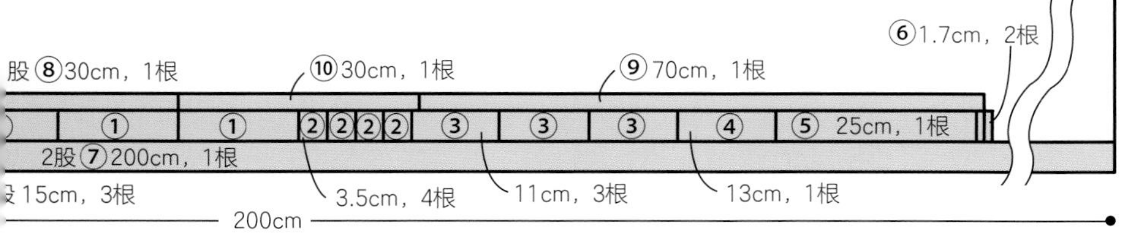

= 多余部分
⑥1.7cm，2根
股⑧30cm，1根
⑩30cm，1根
⑨70cm，1根
① ① ② ② ② ② ③ ③ ③ ④ ⑤ 25cm，1根
2股⑦200cm，1根
15cm，3根
3.5cm，4根
11cm，3根
13cm，1根
200cm

方法 （为便于解说，改变了配色。）

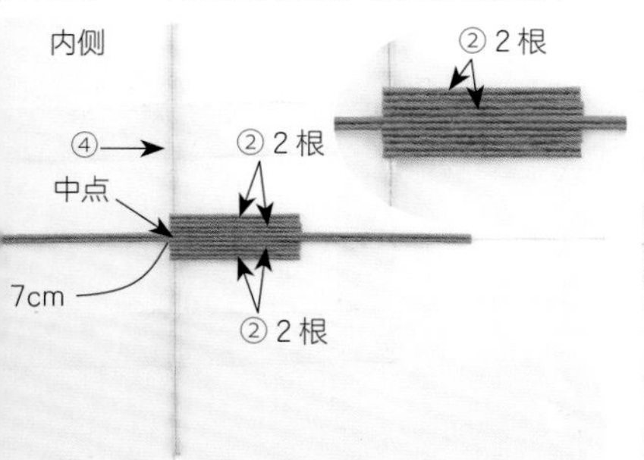

内侧
②2 根
④
②2 根
中点
7cm
②2 根

座。将①纬条距离端部 7cm 的位置与④中点贴合，接着在①纬条的上下分别贴合纬条，端部与④贴合。

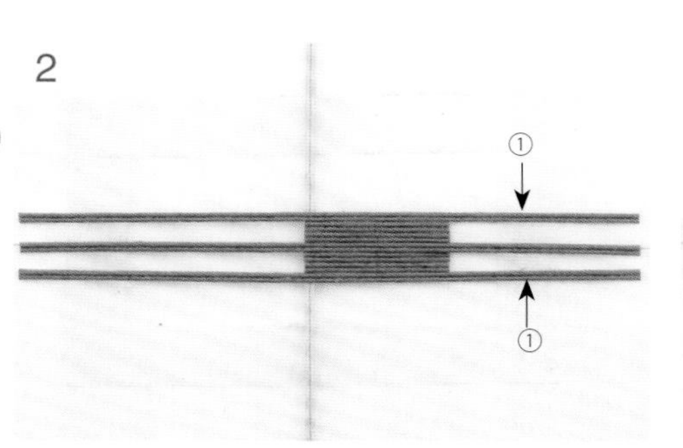

2
①
①

接着在 1 上下各放置 1 根①纬条，与④经条贴合。

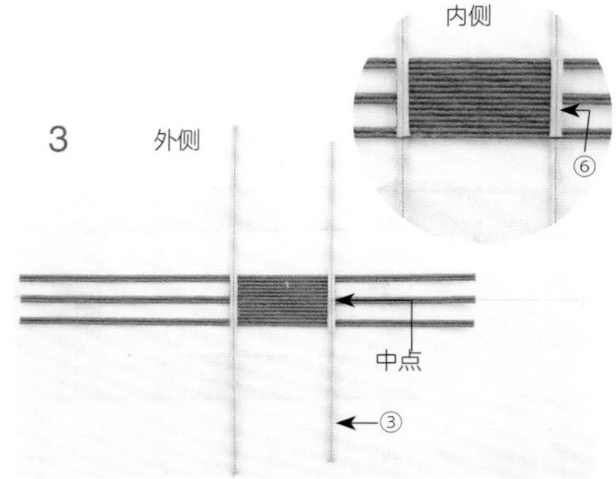

3
外侧
内侧
⑥
中点
③

将 2 翻面，将③经条的中点与②纬条的端部贴合，背面将⑥编条贴合在②经条的两端。

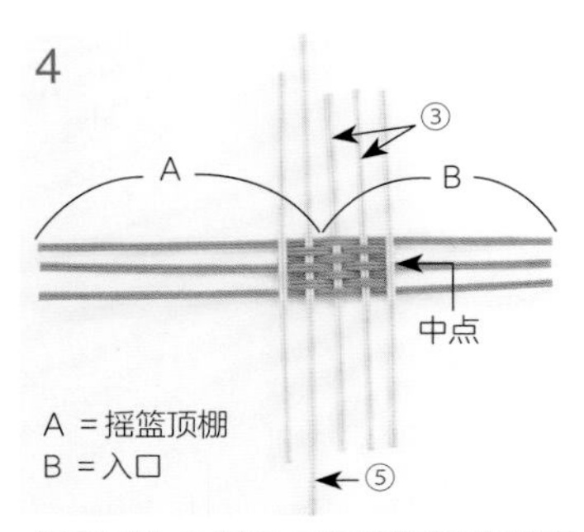
4
③
A
B
中点
A = 摇篮顶棚
B = 入口
⑤

将剩下的 2 根③经条等间距交错塞入⑤经条中，中点重合。

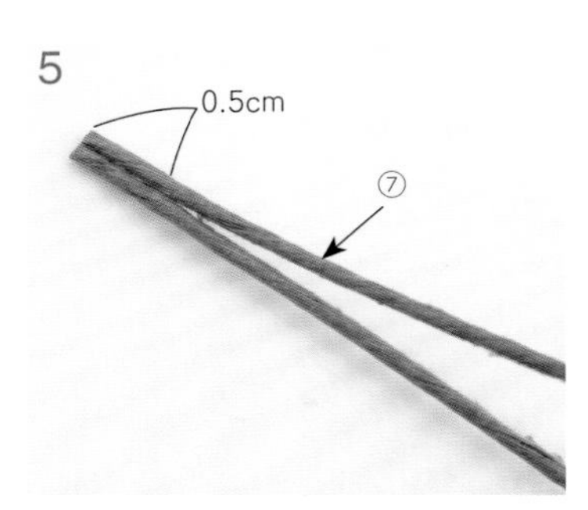
5
0.5cm
⑦

编织底面。将⑦编条端部保留 0.2cm，其余分割成 1 股 1 根。

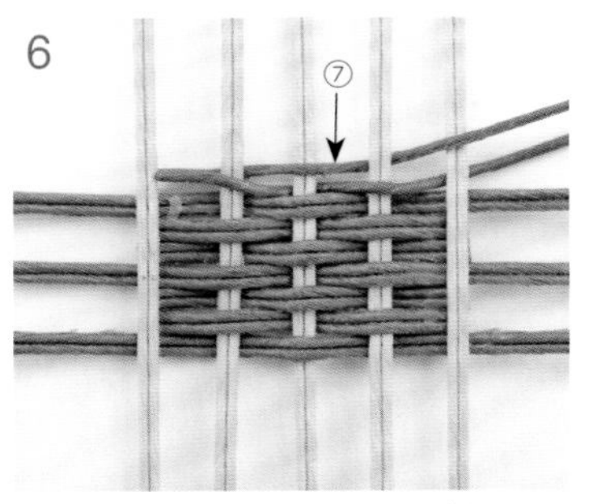
6
⑦

用⑦编条剩余部分沿着底座第 2 根经条进行交替编织（p.33）。

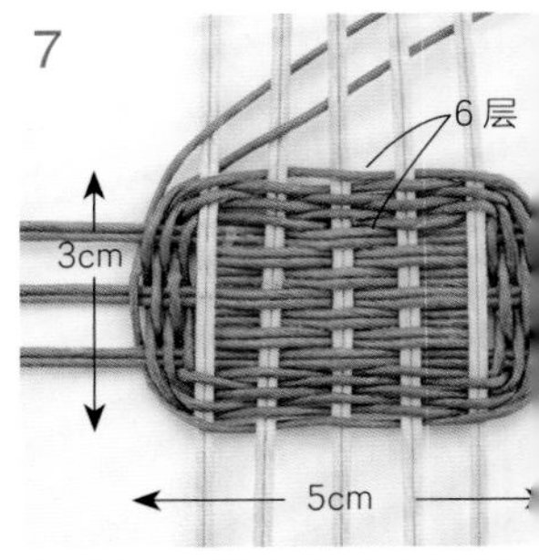
7
6 层
3cm
5cm

接着在底部编织 3 周（6 层），
置于一旁。

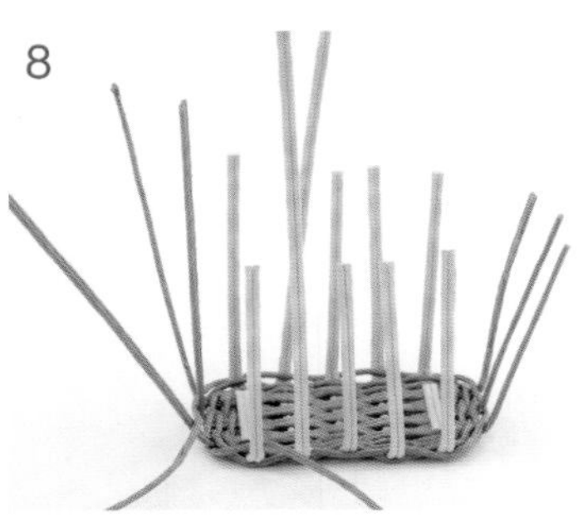
8

将 7 翻面，把底部四周的编条向内弯折，使它立起来。

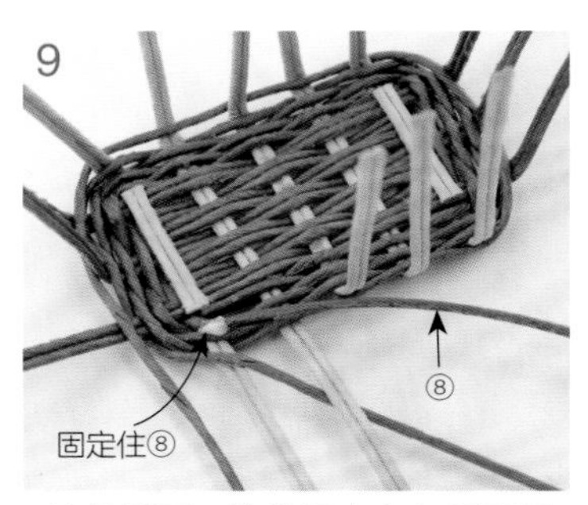
9
⑧
固定住⑧

编织侧面。将⑧固定在如图所示位置。

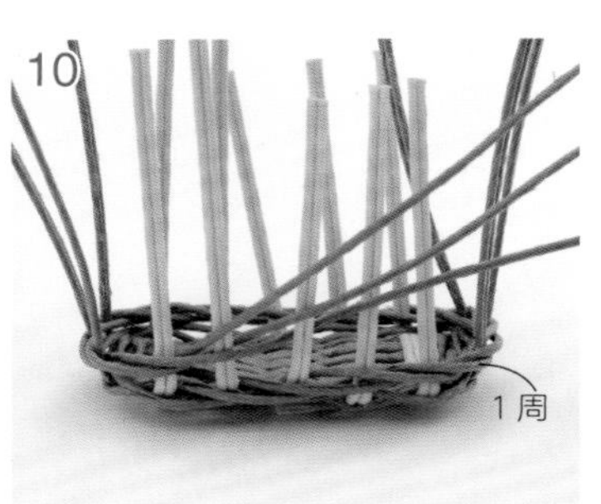
10
1 周

继续用 8 中的 2 根编条和 9 中的⑧编条一起进行左 3 股绳编（参考 p.34），完成 1 周。

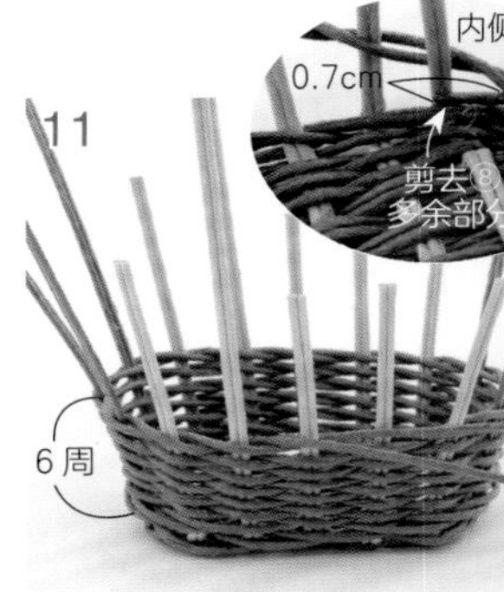
11
6 周
0.7cm
内侧

接着将⑧向内折，保留 0.7c
剪去多余部分，用剩下的 2 根
左捻编（参考 p.34），共编 6

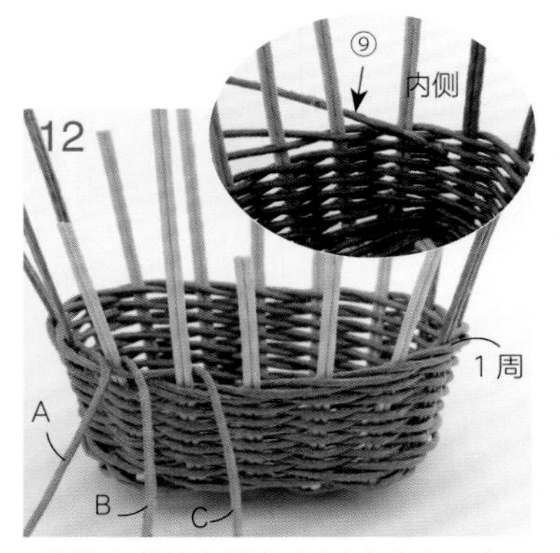
12
⑨
内侧
1 周
A
B
C

接着在⑨编条端部内侧涂胶水固定，用 11 中的 2 根和⑨编条进行左 3 股绳编，完成 1 周。

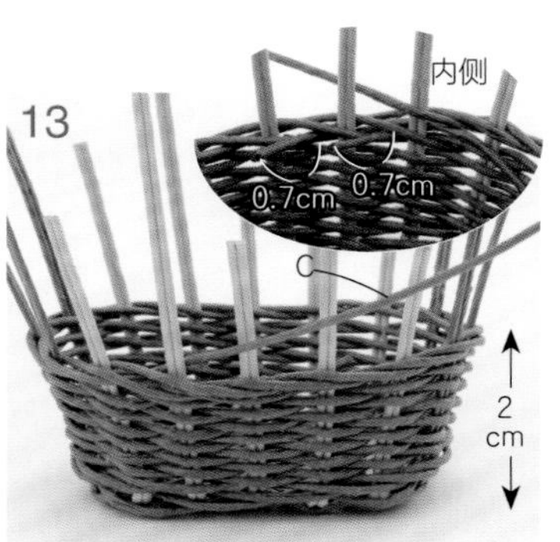
13
内侧
0.7cm
0.7cm
C
2
cm

12 中的 C 绳放置不管，将 A、B 塞进内侧，保留 0.7cm，多余部分剪掉。

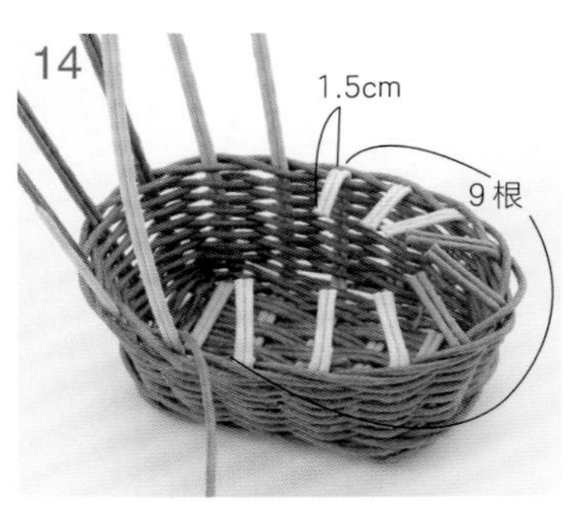
14
1.5cm
9 根

将 4 中 B 侧 9 根纵编条保留 1.5cm，多余部分剪掉并向内弯折。

15

处理这 9 根的端部（参考 p.3

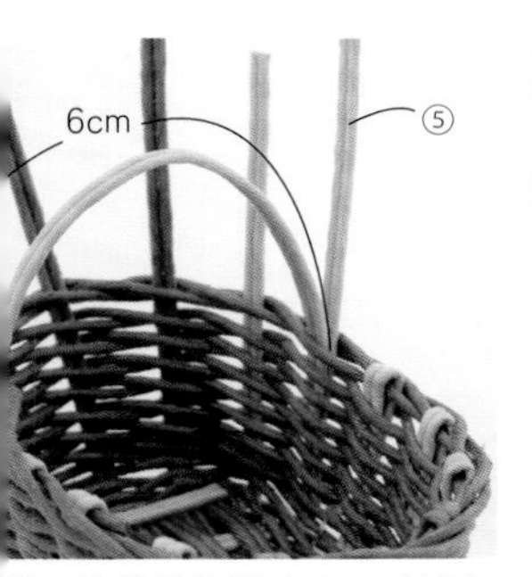

6cm
⑤

棚。将⑤经条凹成 6cm 的圆
邵涂胶水，塞进对侧的编条中。

17

接着在对侧⑤经条内侧涂胶水，固定 16 中的圆弧，塞进编条中。

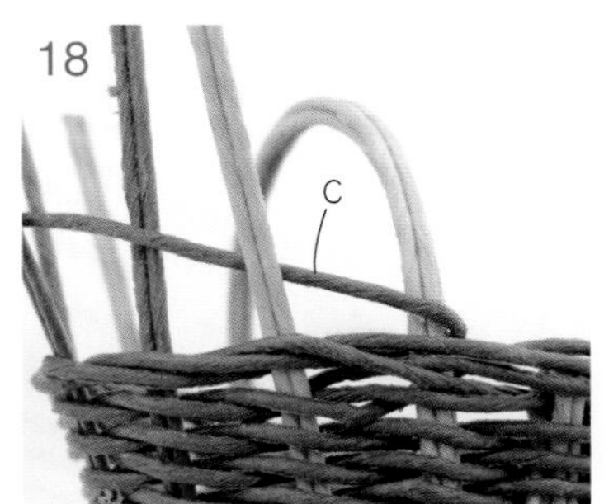

18
C

编织顶棚。用 13 中的 C 绳如图所示编织顶棚框，互相交错返编。

19

接着编到对侧的框条后折返，这样重复循环。

外侧
⑩
内侧
1.5cm
1.5cm

复步骤 18、19，一边将 5 根纵编条越编越密，编条不够的情况下，
部塞进内侧 1.5cm，接着如图所示在 1.5cm 的位置继续编织。

21
14 层

直到 5 根纵编条越来越密，编完 14 层后结束。

22

顶棚部分如图所示将 5 根纵编条塞入框内侧，用胶水固定，多余部分剪去。

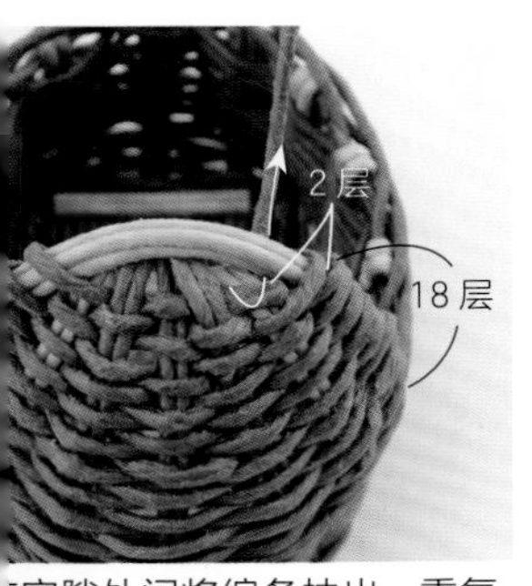

2 层
18 层

空隙处间将编条抽出，重复
18 层，最后 2 层左右分别减
行编织，将端部从内侧拉出。

24
绕 5 圈

内侧拉出的端部绕顶棚框 5 圈，内侧保留 0.7cm 后剪掉多余部分。摇篮编织完成。

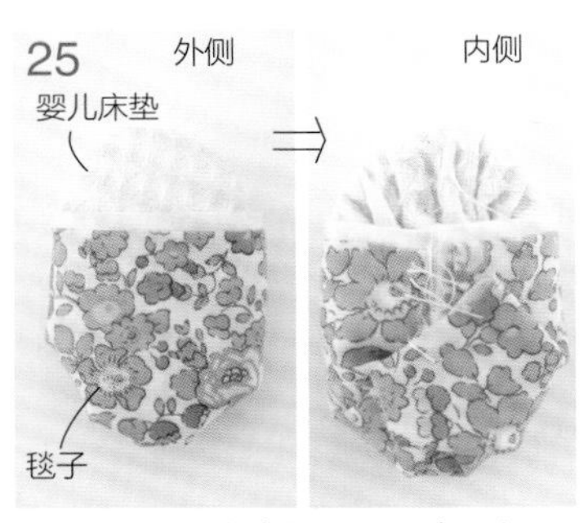

25
外侧
内侧
婴儿床垫
毯子

制作婴儿床垫（参考 p.73），毯子用布裹住婴儿床垫，在背面固定。

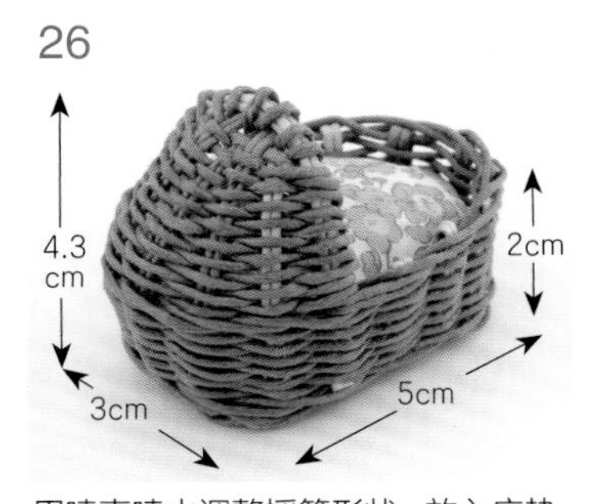

26
4.3 cm
2cm
3cm
5cm

用喷壶喷水调整摇篮形状，放入床垫。完成。
尺寸 / 约 4.3cm × 2cm × 5cm × 3cm。

50、51 花篮 ××××× × × × × × × × × × × × p.28

p.28

＊**材料** Hamanaka 纸藤（5m 卷）

50 栗色（14）120cm

51 淡黄色（13）120cm

＊**工具** 参考 p.32

＊**完成尺寸** 参考图片

＊**编条分割股数**（参考裁剪图）

①十字形编条	2 股	20cm，4 根
②编条	1 股	120cm，2 根
③提手编条	1 股	20cm，3 根

＊纸藤裁剪图

50 栗色、51 淡黄色

□ ＝多余部分

1股②120cm，2根

① 2股 20cm，4根 ① ① ①

1股③20cm，3根

120cm

＊制作方法 （为便于解说，改变了配色。）

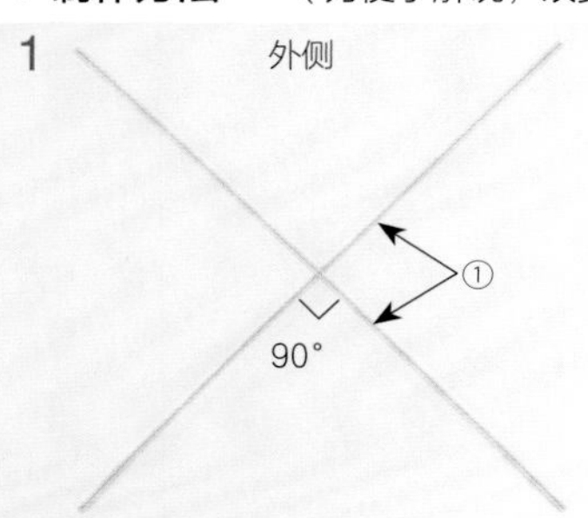

1
外侧
①
90°

制作底座，用 2 根①十字形编条交叉组成十字，中间重合部分涂胶水固定。这样制作 2 组。

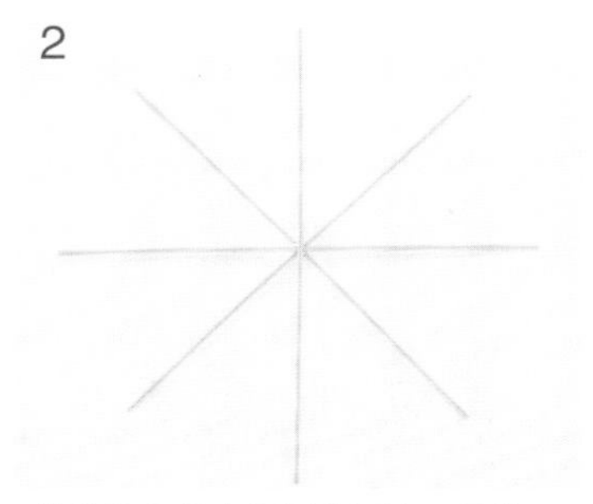

2

接着将 2 组中间重合固定，呈放射状。

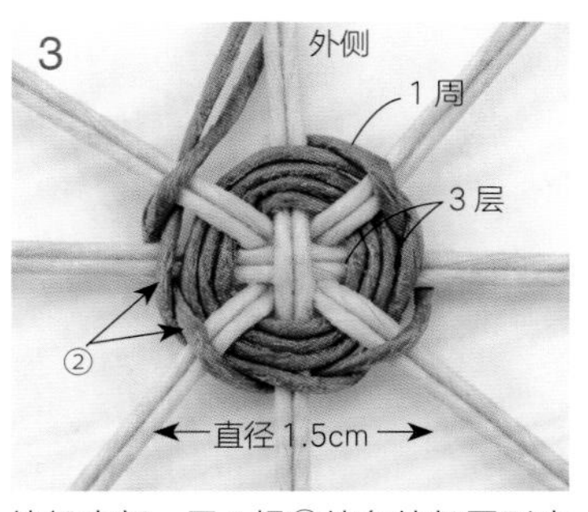

3
外侧
1 周
3 层
②
直径 1.5cm

编织底部。用 1 根②编条编织圆形底（参考 p.36 步骤 1、2、4），共计编织 3 层，接着再加入 1 根②编条，进行左捻编（参考 p.34）1 周，编条置于一旁。

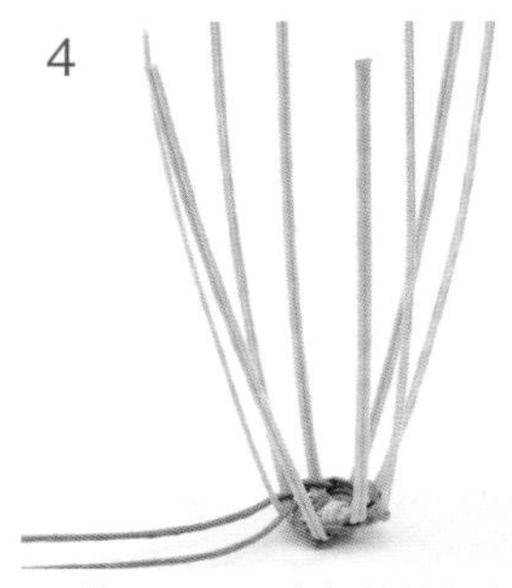

4

将 3 翻面，底部的编条向内
使它立起来。

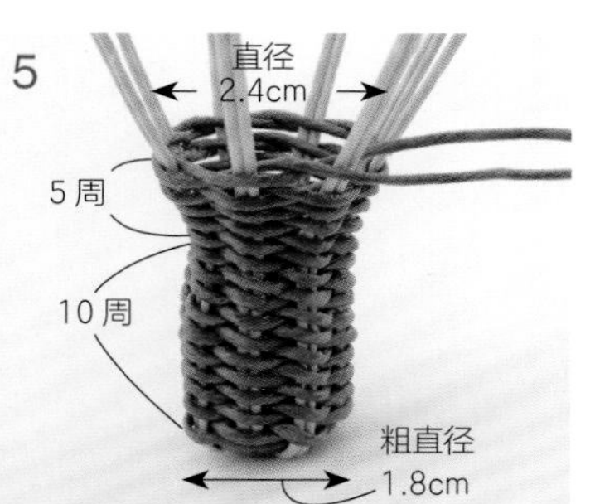

5
直径
2.4cm
5 周
10 周
粗直径
1.8cm

编织侧面。将 3 中的编条进行左捻编共 10 周，接着开口越来越广进行编织 5 周，完成后编条置于一旁。

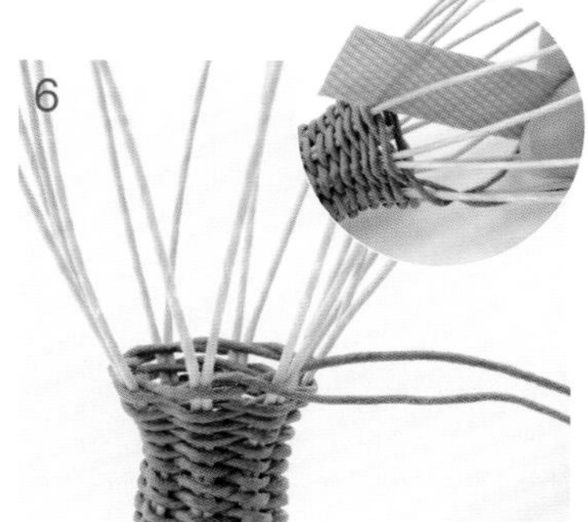

6

将纵编条分割成 1 股 1 根。

7

将 6 中的纵编条如图将右边的 1 根从根部剪断，整理 5 中的编条。

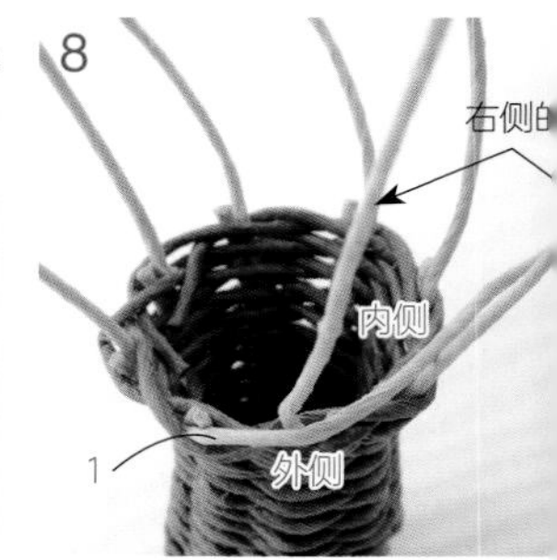

8
右侧的
内侧
外侧
1

用剩下的 8 根纵编条编织边
1 根向右边的 2 根按照由外
顺序穿过，再从外拉出。

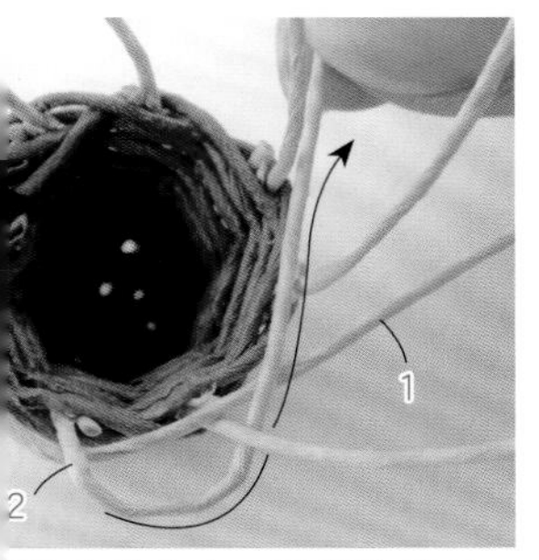
1
2

根从 1 的上方，向右边的 2
根由外向内的顺序穿过，再从
出。

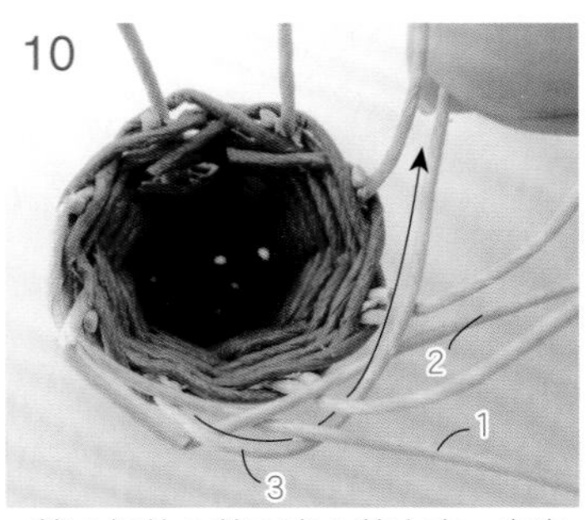
10
2
1
3

第 3 根从 1 的下方 2 的上方，向右边的 2 根按照由外向内的顺序穿过，再从外拉出。

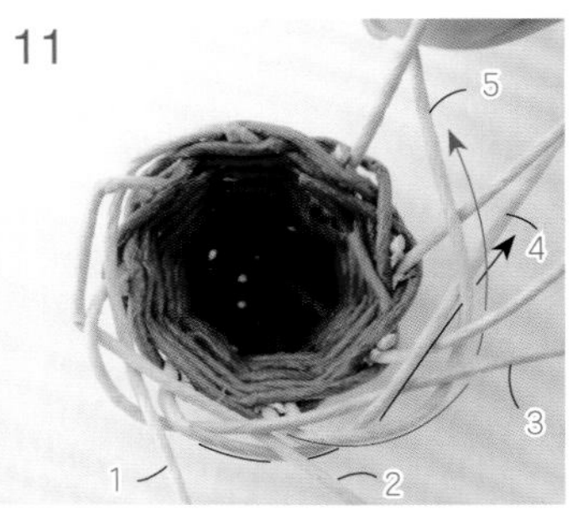
11
5
4
3
1
2

第 4、5 根也按照相同的方法沿着图中箭头所示进行编织。

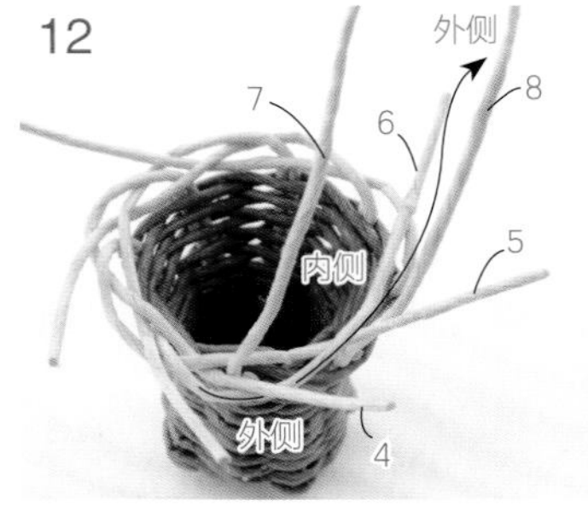
12
外侧
7
6
8
5
内侧
外侧
4

第 6 根也从 7 的外侧8 的内侧穿过，沿箭头向外拉出。

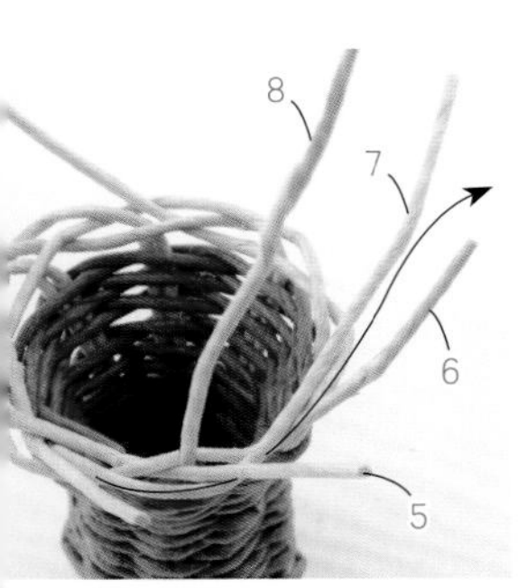
8
7
6
5

根从 5 的端部 8 的外侧穿
6 的上方沿箭头向外拉出。

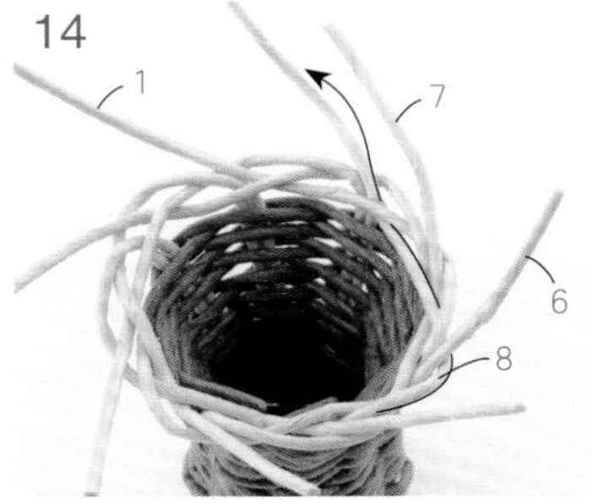
14
1
7
6
8

第 8 根从 6 的外侧拉出，塞进右边相邻的圆弧中，接着按箭头所示从 7 上方编条中拉出，完成 1 周。

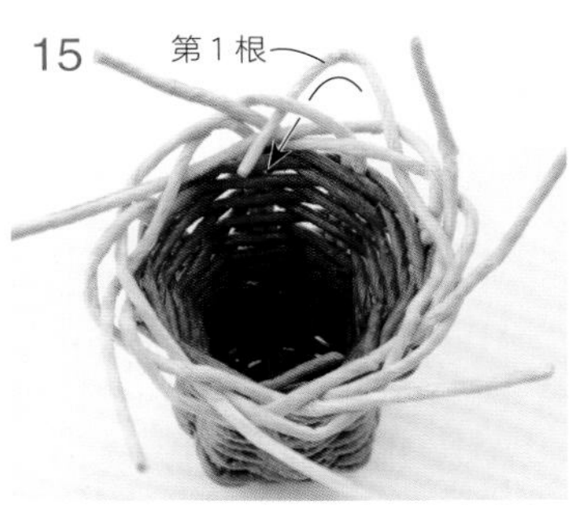
15
第 1 根

处理端部。端部由外向内塞进右边相邻的圆弧中。

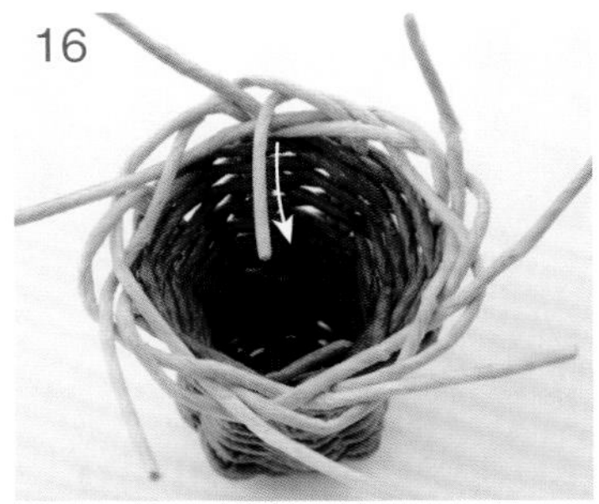
16

将 15 的端部向内拉。

5、16 的方法将端部塞
，接着沿箭头方向拉
理编条。

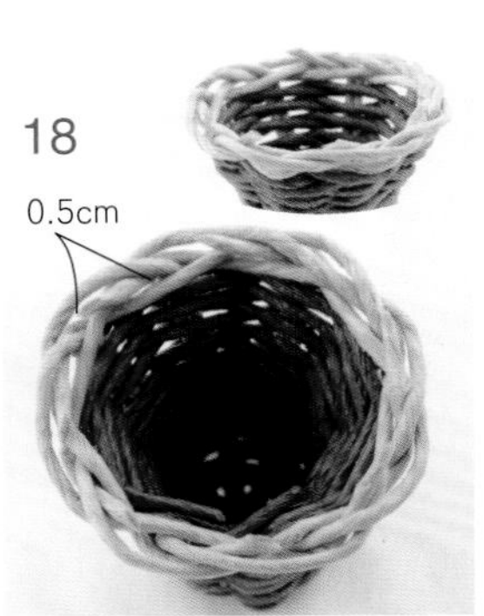
18
0.5cm

用喷壶喷水调整形状，边缘缠合处保留 0.5cm，整理后的状态。

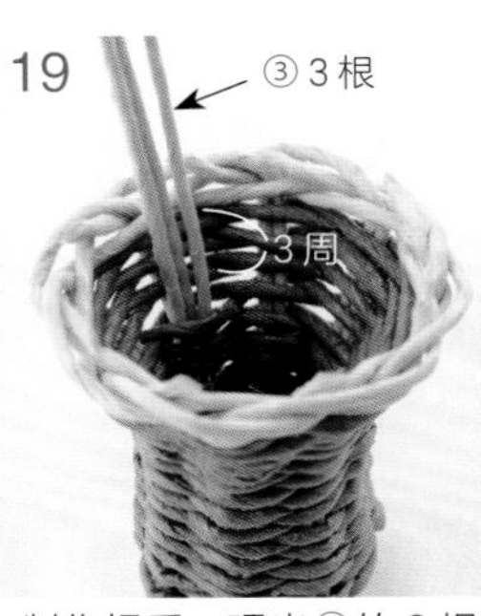
19
③ 3 根
3 周

制作提手。理出③的 3 根编条，在端部 1cm 处涂上胶水，塞进图中所示编条位置并固定。

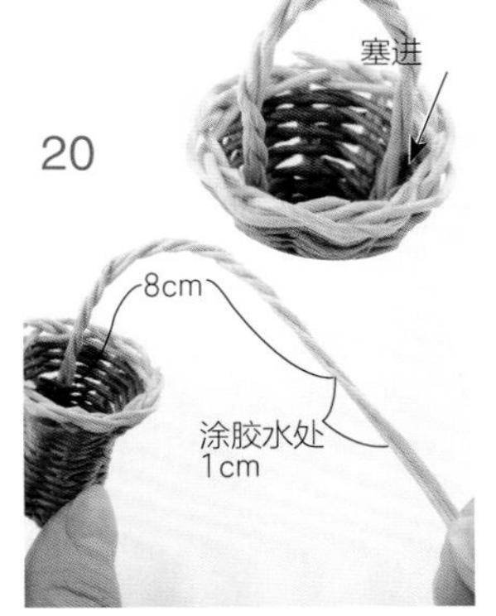
20
塞进
8cm
涂胶水处
1cm

将 19 的 3 根朝右边捻合成 8cm 长的细绳，再在下方 1cm 位置涂胶水，剪去多余部分，塞进对侧的编条中。

21
2.5cm
3cm
1.8cm

完成。
尺寸 / 约1.8cm×3cm×2.5cm。

52 壁挂小物篮 p.29

＊**材料**　Hamanaka 纸藤（5m 卷）
栗色（14）90cm
＊**工具**　参考 p.32
＊**其他**　16 号麻绳少许
＊**完成尺寸**　参考图片
＊**编条分割股数**（参考裁剪图）

①纬条	2 股	10cm，6 根
②纬条	2 股	1.7cm，6 根
③经条	2 股	10cm，9 根
④编条	2 股	1cm，6 根
⑤编条	1 股	90cm，6 根

＊纸藤裁剪图

栗色

□ = 多余部分

2股 10cm，6根
2股 10cm，9根
②1.7cm，6根
④1cm，6
① ① ① ① ① ①
③ ③ ③ ③ ③ ③ ③ ③ ③
1股⑤90cm，6根
⑤
⑤
90cm

＊制作方法　（为便于解说，改变了配色。）

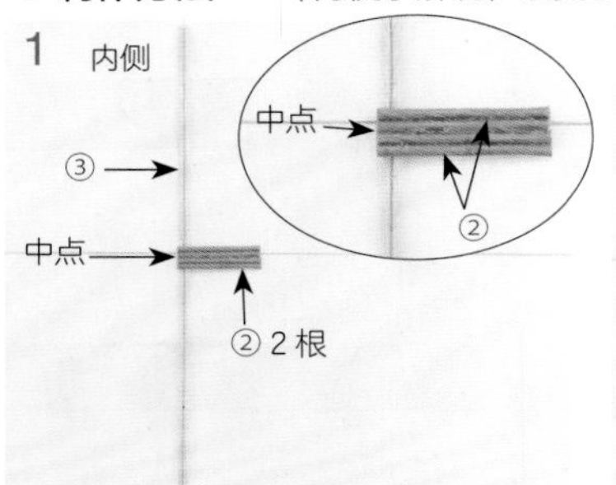

1
内侧
③
中点
②2 根
中点
②

制作底座。将 2 根②纬条的端部涂胶水固定到③经条的中点。

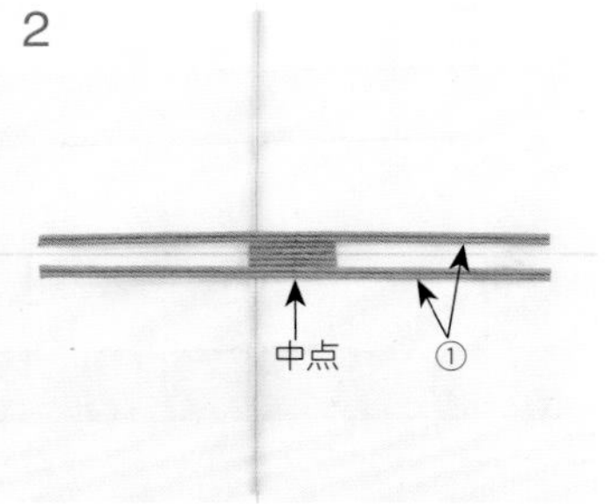

2
中点
①

在 1 的上下各放置 1 根①纬条，将②纬条与③经条重叠贴合。

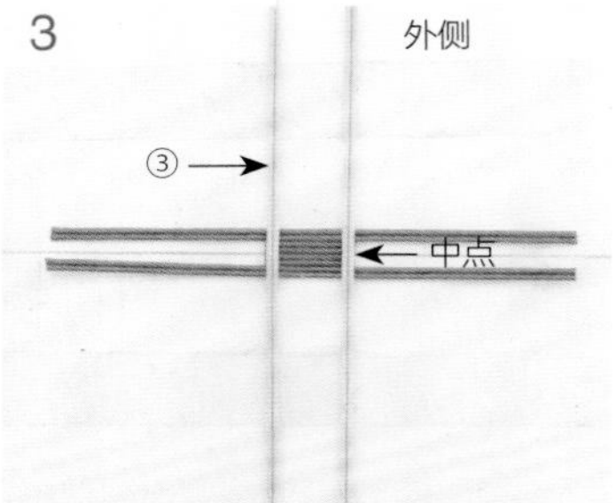

3
外侧
③
中点

将 2 翻面，在②纬条的对侧端部，平行贴合③经条。

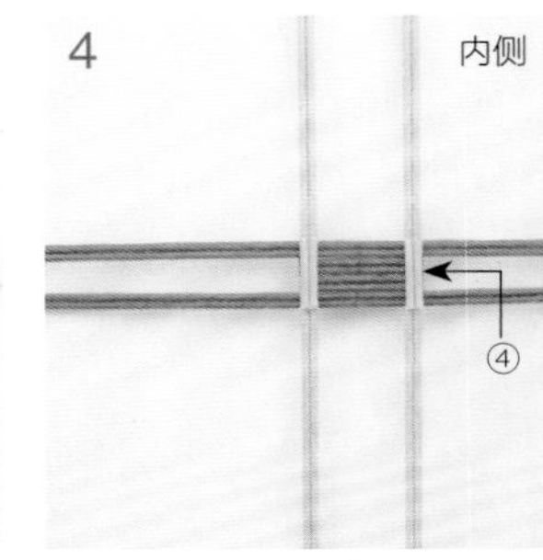

4
内侧
④

将 3 翻面，将④编条贴合在条的两端。

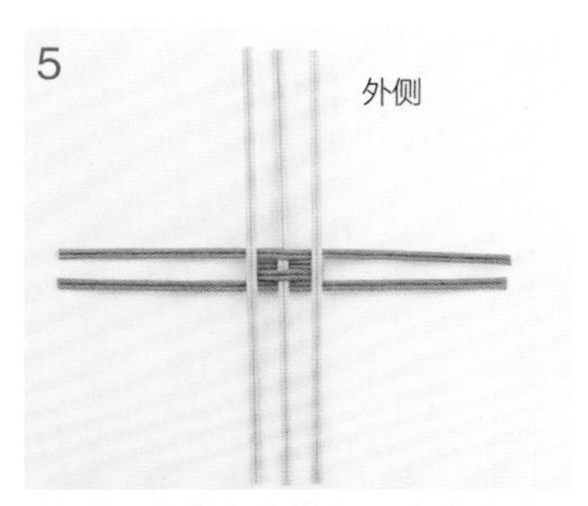

5
外侧

将剩下的③经条等间距塞进底座中，调整左右经条和端部。

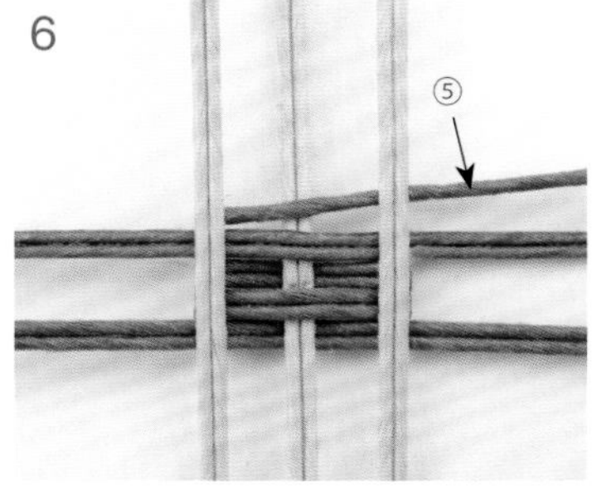

6
⑤

编织底面。在 1 股⑤编条上涂胶水，如图所示固定到底座内侧。

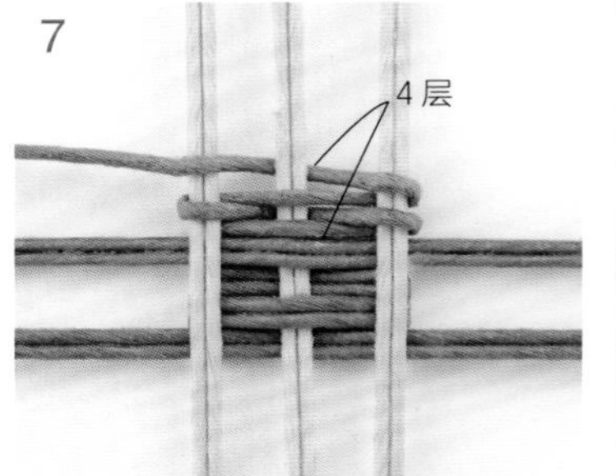

7
4 层

用 6 的编条往左侧返编，这样重复操作共编织 4 层。

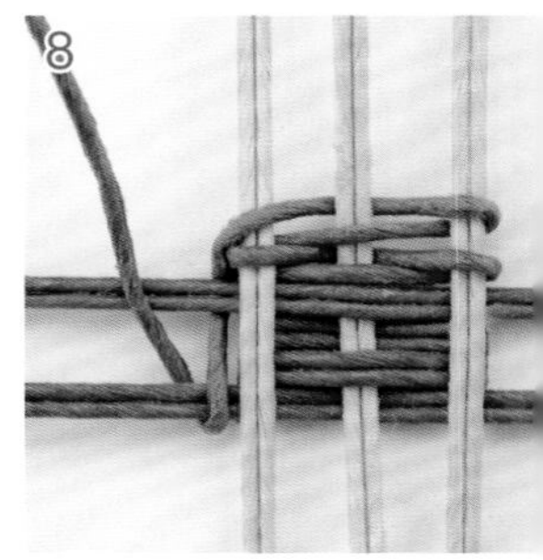

8

接着如图所示进行返编。

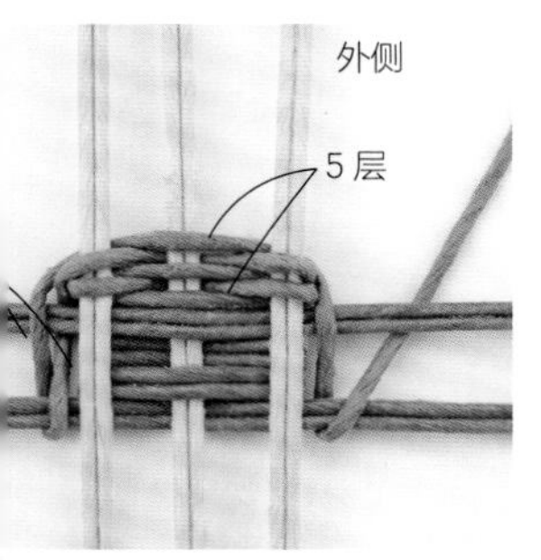

外侧
5 层

[如]图所示在右边进行返编。

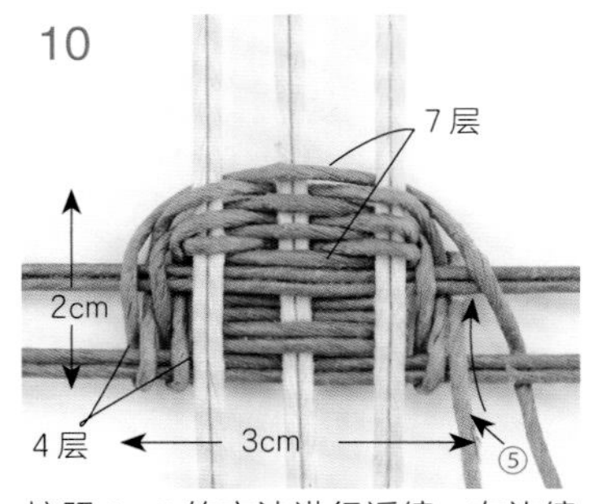

10
7 层
2cm
4 层
3cm
⑤

按照 8、9 的方法进行返编，左边编 4 层，右边编 3 层，结束后编条置于一旁。在 1 根⑤编条的端部涂胶水，按照箭头所示方向塞进内侧，这样完成 2 根。

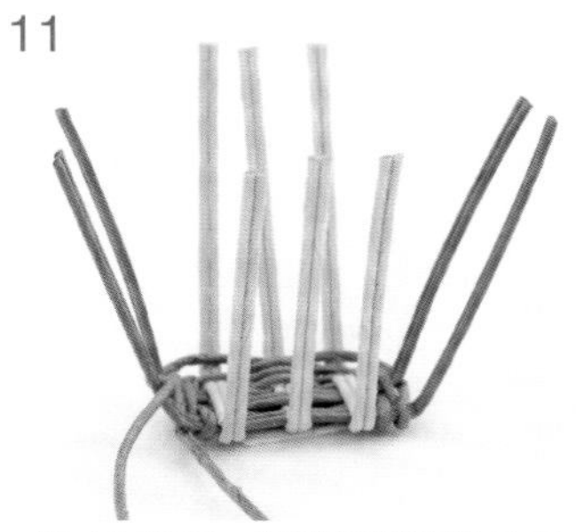

11

将 10 翻面，底部四周的编条向内弯折，使它立起来。

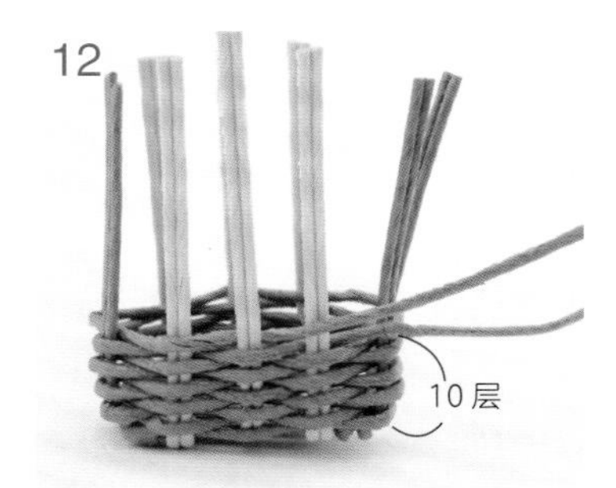

12
10 层

编织侧面。用 2 根 10 中的编条进行交替编织（参照 p.33），这样垂直完成 5 周（10 层）。

后侧
右捻编法
开始处
1 周
前侧

[在]边缘进行右捻编（参照 p.34），完成 1 周。

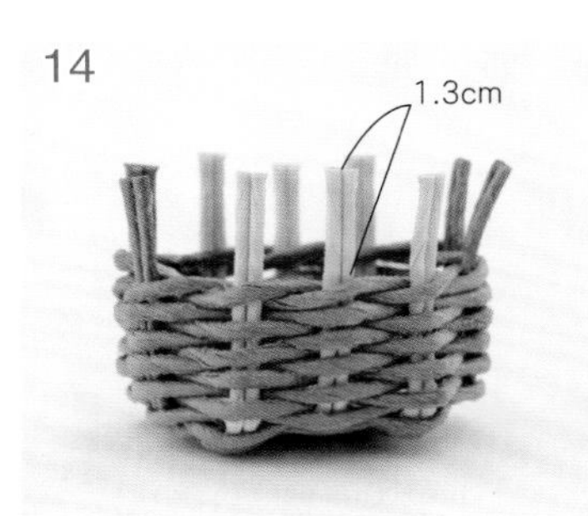

14
1.3cm

处理端部，调整编条，留下 1.3cm 纵编条，多余部分剪下。

15
后侧
前侧

处理端部，向内折。

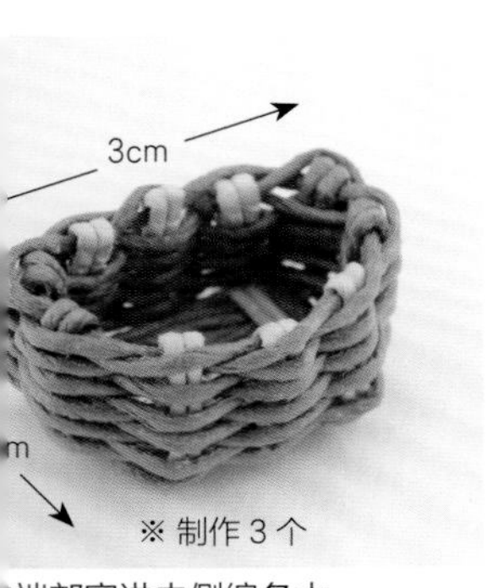

3cm
※ 制作 3 个

[将]端部塞进内侧编条中。

约 1.2cm × 3cm × 2cm。

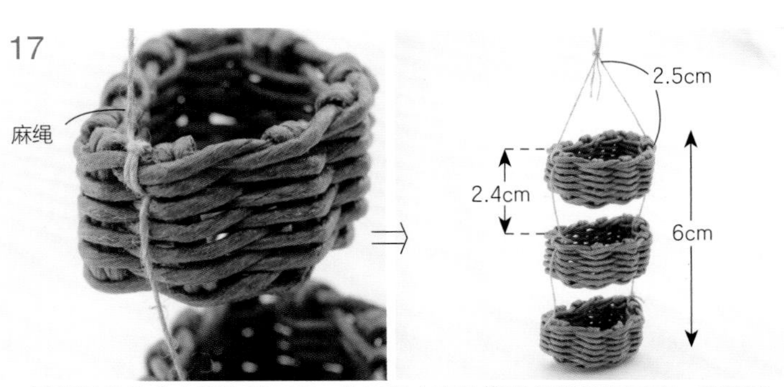

17
麻绳
2.5cm
2.4cm
6cm

用麻绳将 3 个小篮连接起来，从下往上在边缘绕 2 圈打结固定，篮筐两侧高度保持均衡。最后在上方 2.5cm 的位置打结，作为把手。完成。

画架
饼干

53 画架 54 饼干

p.30

＊**材料** Hamanaka 纸藤（5m 卷）
53 栗色（14）70cm
54 米色（1）少量
＊**其他** 54 直径 1.3cm × 高 2.4cn 的迷你玻璃瓶
＊**工具** 参考 p.32
＊**完成尺寸** 参考图片
＊**53 编条分割股数**（参考裁剪图）

①编条	3 股	9cm，4 根
②编条	3 股	2.5cm，3 根
③编条	3 股	6cm，2 根
④编条	3 股	6cm，2 根

＊纸藤裁剪图

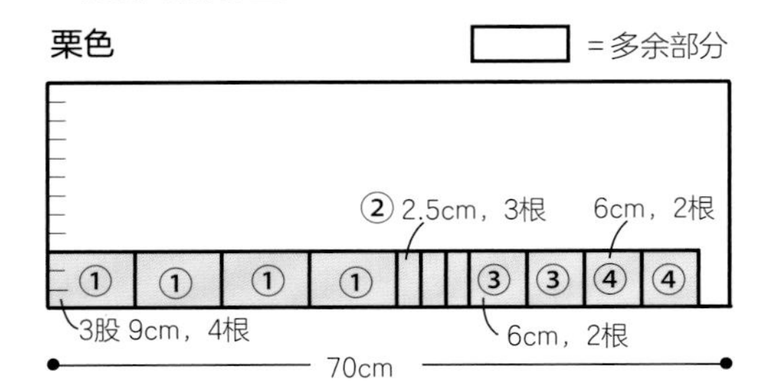
栗色
=多余部分
② 2.5cm，3根
6cm，2根
① ① ① ① ③ ③ ④ ④
3股 9cm，4根
6cm，2根
70cm

＊作品 53 的制作方法 （为便于解说，改变了配色。）

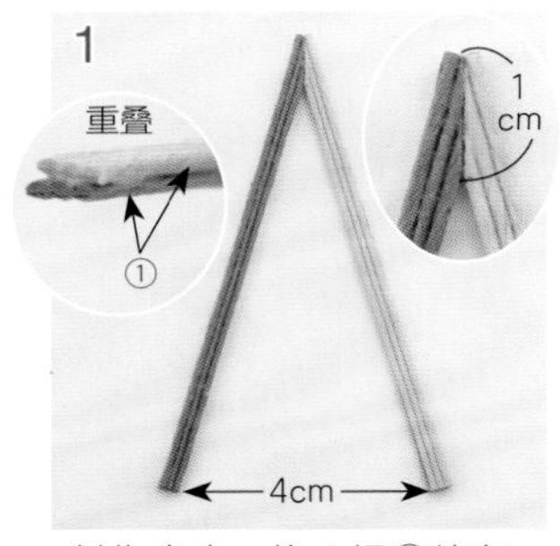
1
重叠
①
1 cm
4cm

制作底座。将 4 根①编条两两重叠用胶水贴合，端部如图所示斜向贴合。

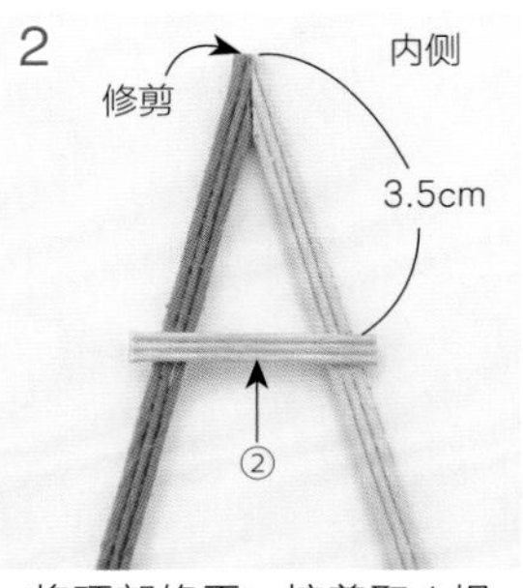
2
内侧
修剪
3.5cm
②

将顶部修平，接着取 1 根②编条水平涂胶水贴合。

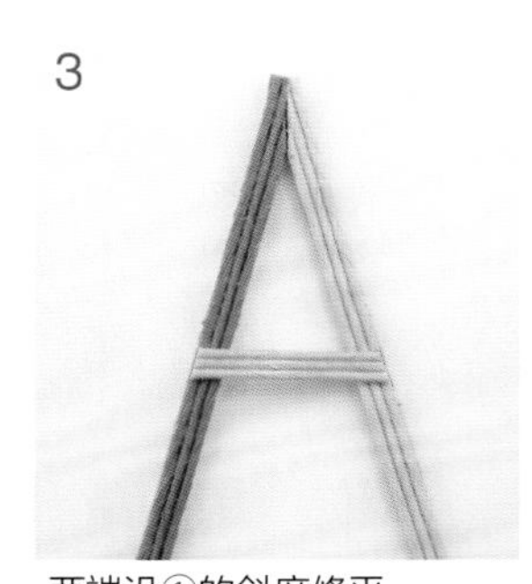
3

两端沿①的斜度修平。

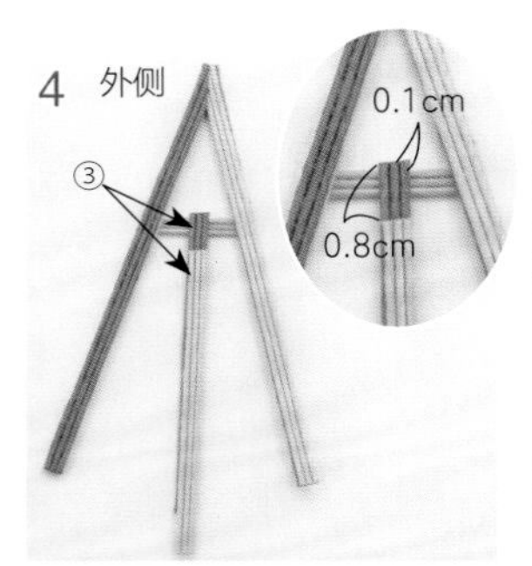
4 外侧
③
0.1cm
0.8cm

将 3 翻面，取 1 根③编条贴合在②编条上方 0.1cm 的位置，上方距离顶端 0.8cm 的位置再贴合 1 根③编条。

5

在 4 中②编条的上方箭头所示方向塞进 1 条，沿斜度修平，贴条左右的间隙。

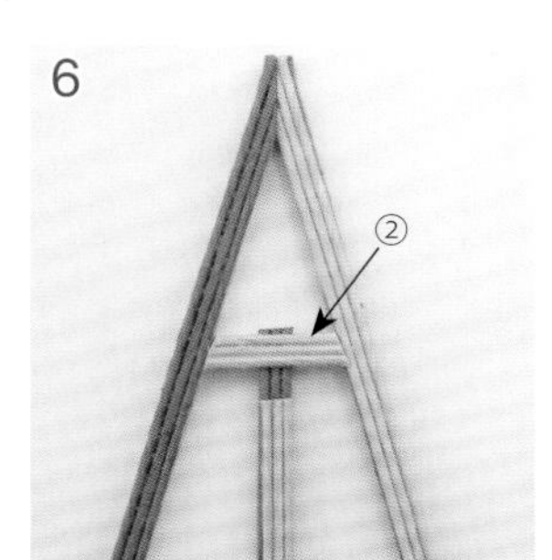
6
②

再取 1 根②编条，按照 5 的方法剪去多余部分且左右沿斜度修平，与 5 中的②编条涂胶水贴合。

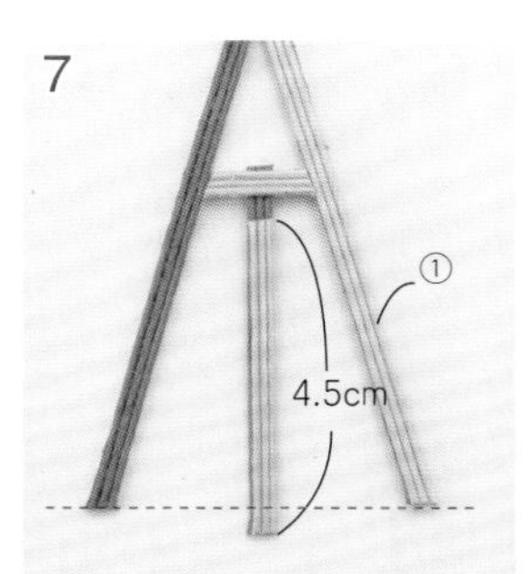
7
①
4.5cm

如图所示剪去中间经条的多余部分，保证①编条的左右水平。

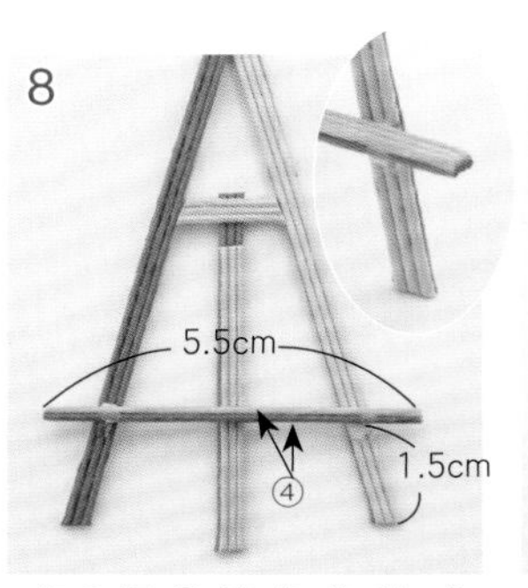
8
5.5cm
1.5cm
④

将 2 根 ④ 编 条 修 剪 成 5.5cm，固定在如图所示的位置。

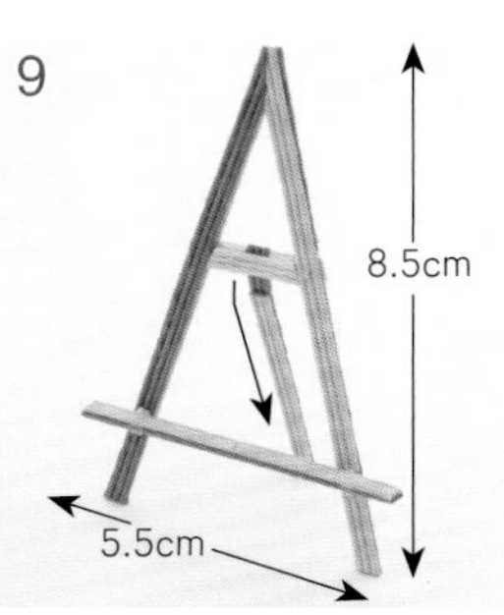
9
8.5cm
5.5cm

在③编条 0.8cm 的位置向内折，完成。
尺寸 / 约 8.5cm × 5.5cm。

＊作品 54 的制作

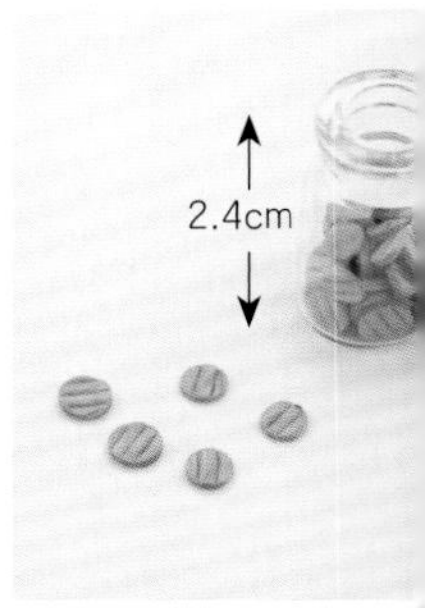
2.4cm

饼干使用编条的边作，用打孔钳压出 3.5~4.5mm 的圆形，玻璃瓶中装饰。

55 盒子 × × × × × × × × × × × × × × × × p.30

＊**材料** Hamanaka 纸藤（5m 卷）
1 个盒子：淡黄色（13）50cm
＊**工具** 参考 p.32
＊**完成尺寸** 参考图片

＊**编条分割股数**（参考裁剪图）

①编条	12 股	16cm，3 根
②编条	6 股	16cm，3 根
③角加固编条	8 股	10cm，3 根

＊纸藤裁剪图

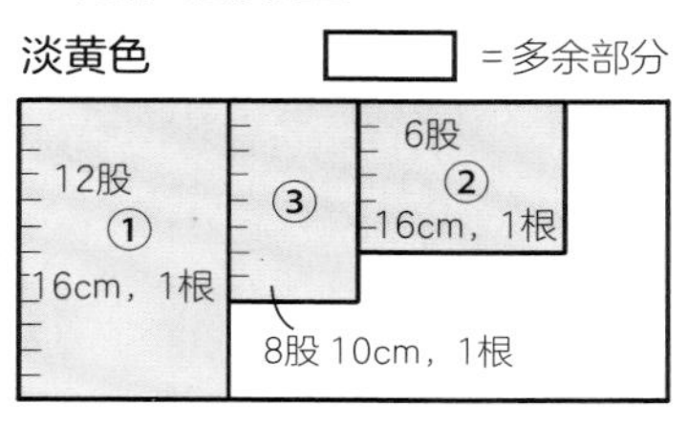
淡黄色
=多余部分
12股
①
16cm，1根
③
6股
②
16cm，1根
8股 10cm，1根
50cm

作方法（为便于解说，改变了配色。）

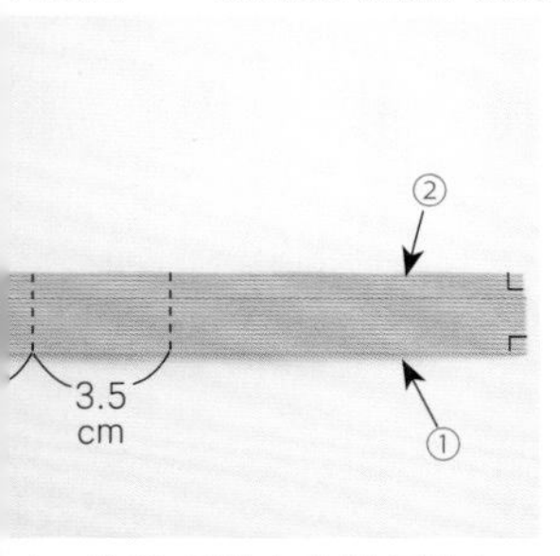
②
3.5
cm
①

座。将①、②编条的端部接合，8 股的宽度，两端修成直角，线处做记号。

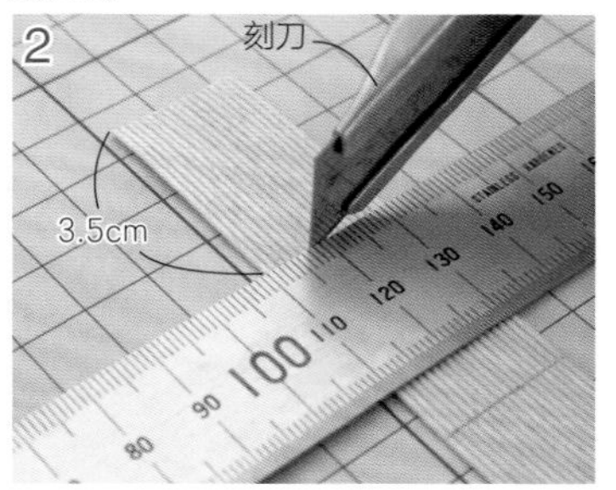
2
刻刀
3.5cm

沿记号处用刻刀割断，备用。

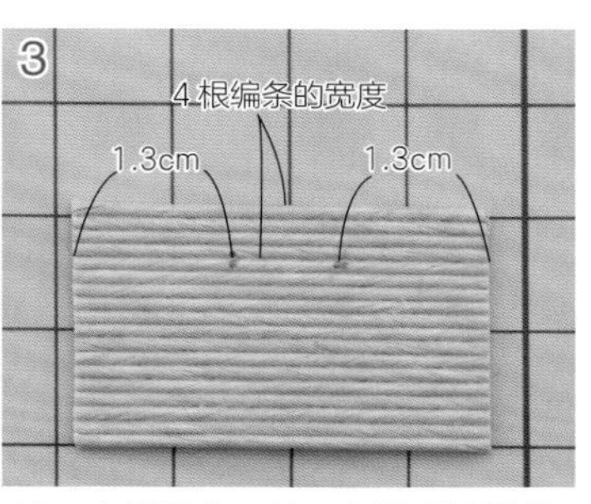
3
4 根编条的宽度
1.3cm
1.3cm

取 2 中切下的一片，在把手位置做两个小圆点的记号。

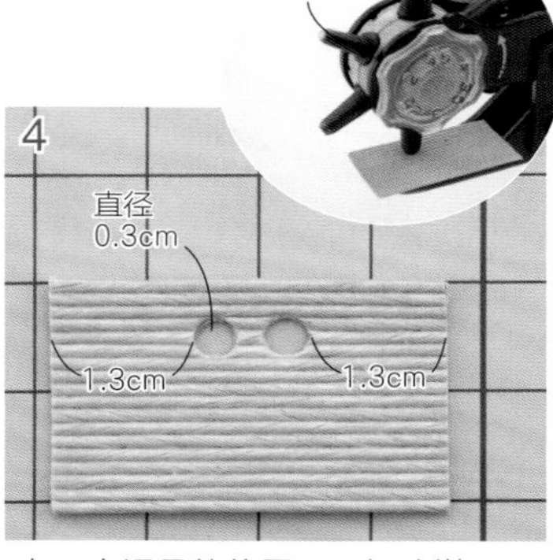
打孔
4
直径
0.3cm
1.3cm
1.3cm

在 3 中记号的位置，用打孔钳开 2 个直径 0.3cm 的小孔。

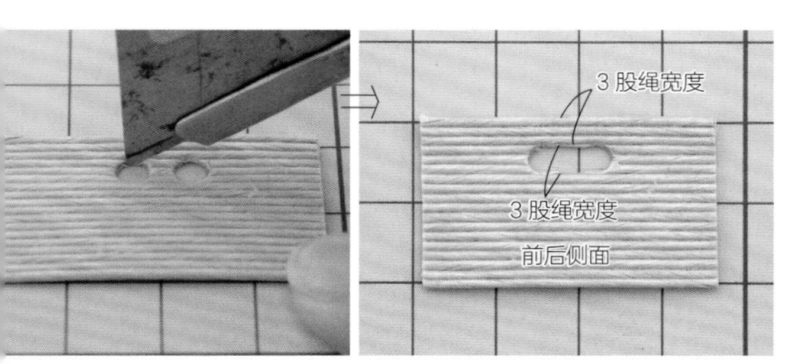
3 股绳宽度
3 股绳宽度
前后侧面

开孔中间沿纸藤裁切线以 3 股绳的宽度割开，做成椭圆形提手，这片，作为盒子前后两个侧面。

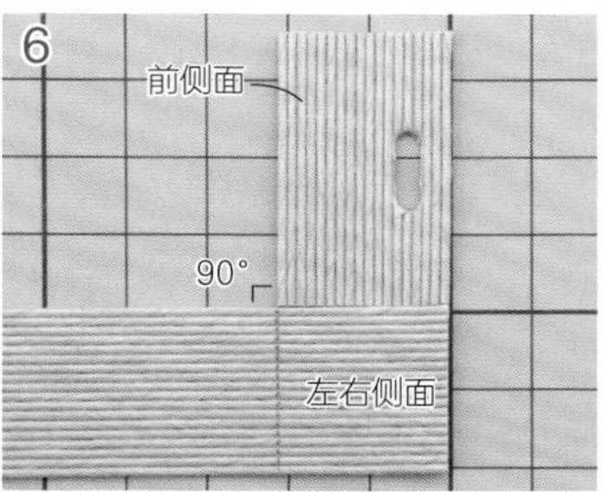
6
前侧面
90°
左右侧面

将 2 中剩下的部分与 5 中做好的侧面垂直结合，确定好尺寸后做记号，按照 2 的方法做两片，用作左右侧面，备用。

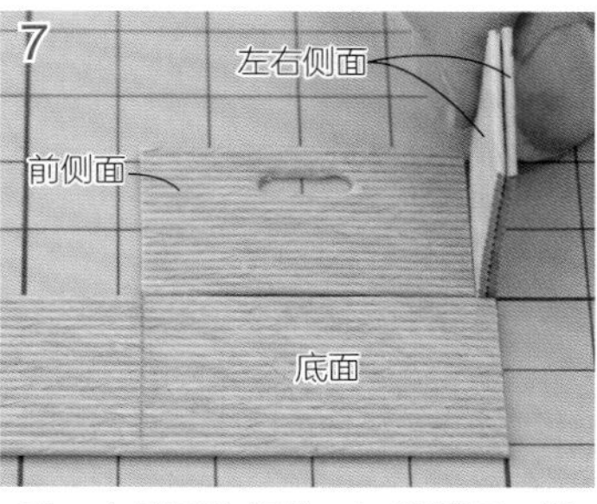
7
左右侧面
前侧面
底面

用 6 中剩下的部分，与前侧面一样的尺寸做一片底面。

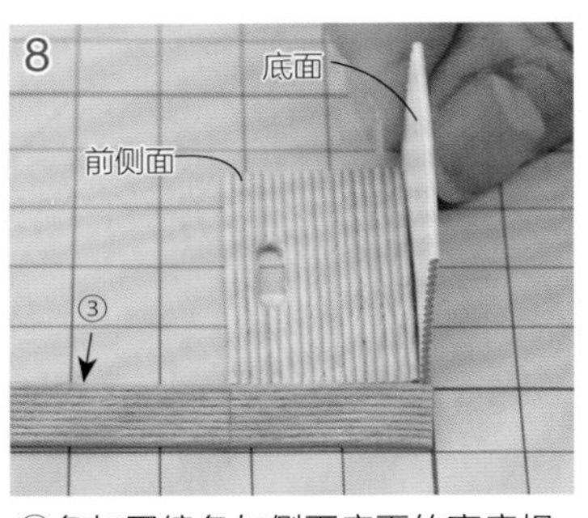
8
底面
前侧面
③

③角加固编条与侧面底面的高度相同，这样做 4 片。

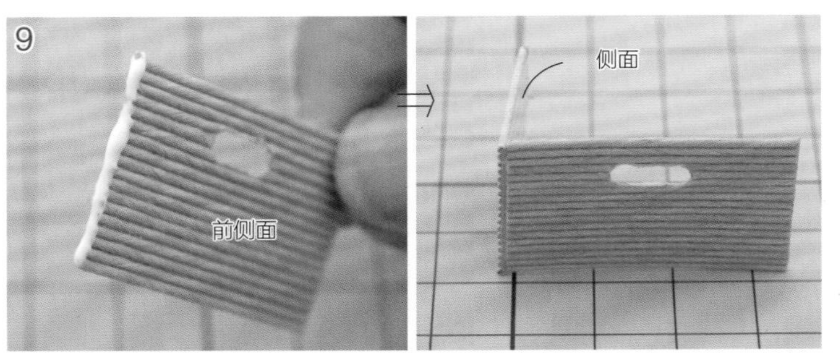
9
前侧面
侧面

将各部分组合起来。将前侧面的左边和左侧面边缘涂胶水，直角贴合。

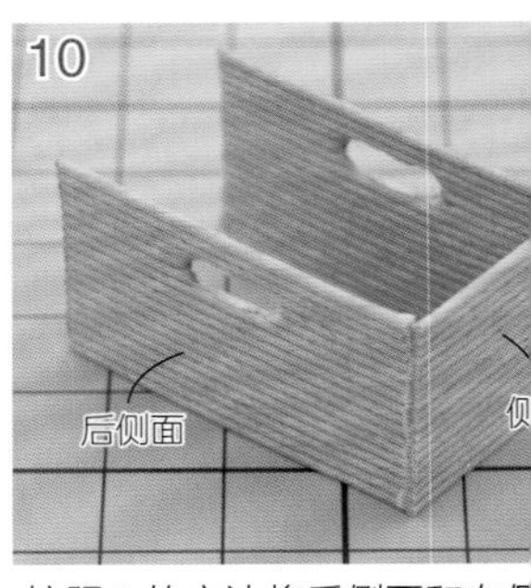
10
后侧面

按照 9 的方法将后侧面和左侧角贴合。

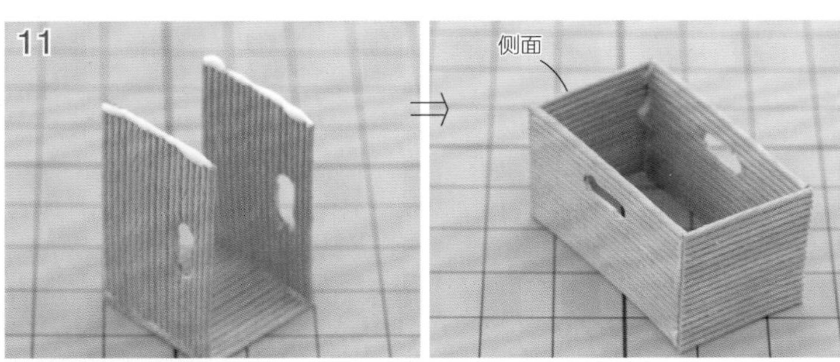
11
侧面

接着在前后侧面的边缘涂胶水，贴合右侧面，盒子四周完成。

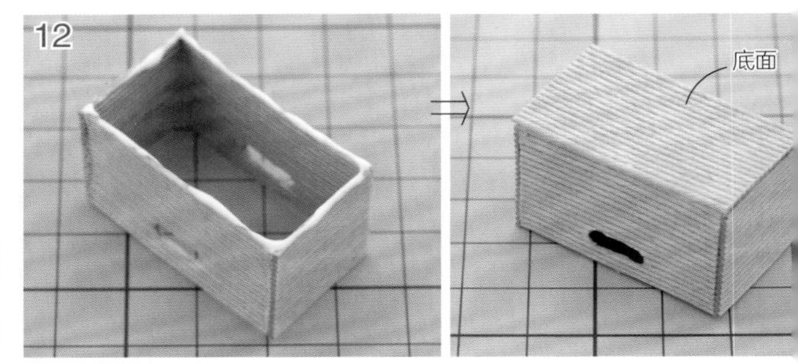
12
底面

接着，贴合底面。盒子完成。

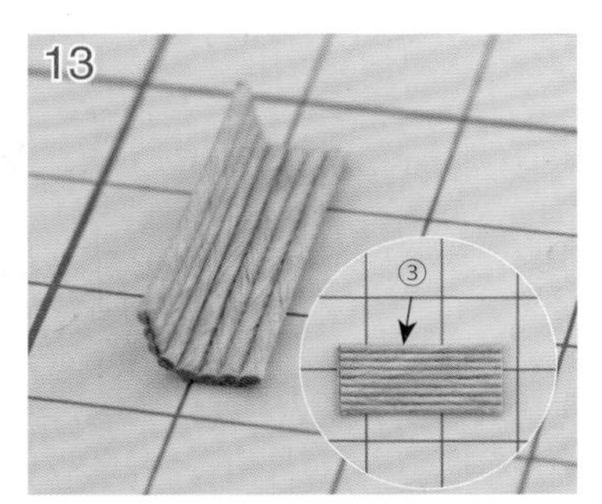
13
③

四角加固。用喷壶喷水调整③角加固编条形状，注意不要拉断，形成如图所示弧度。

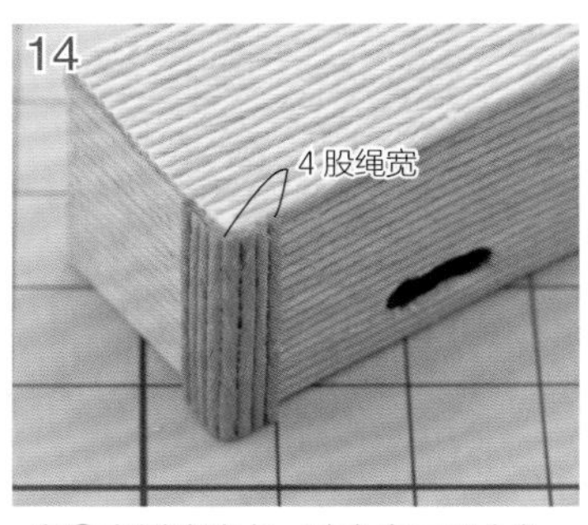
14
4 股绳宽

在③内侧涂胶水，贴合盒子四个角。

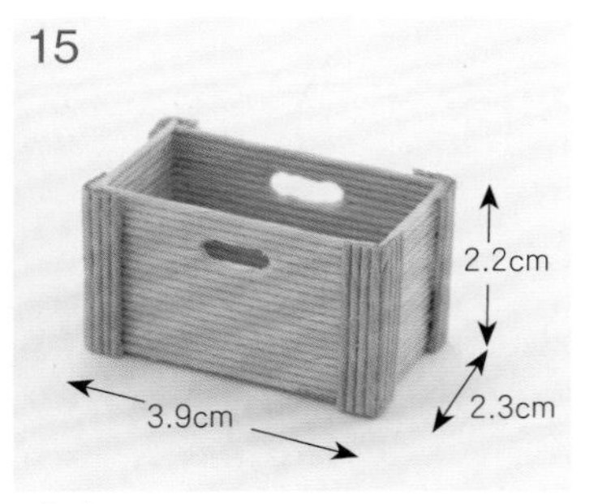
15
2.2cm
3.9cm
2.3cm

完成。
尺寸 / 约2.2cm×3.9cm×2.3cm。